MIND 心研社图书

——————————————为 心 灵 提 供 盔 甲 和 武 器——————————————

好奇心的力量

如何摆脱**懒惰、焦虑**和**拖延**的习惯

［法］弗拉维亚·马努西　著
Flavia Mannocci

刘倩　译

北京联合出版公司
Beijing United Publishing Co.,Ltd.

图书在版编目（CIP）数据

好奇心的力量 / （法）弗拉维亚·马努西著 ； 刘倩
译. —北京：北京联合出版公司, 2021.8
　　ISBN 978-7-5596-4686-6

　　Ⅰ. ①好… Ⅱ. ①弗… ②刘… Ⅲ. ①心理学－通俗
读物 Ⅳ. ①B84-49

中国版本图书馆 CIP 数据核字 (2020) 第 215610 号

Original French title : Les pouvoirs de la curiosite
© ODILE JACOB, 2017
This Simplified Chinese edition is published by arrangement with
Editions Odile Jacob, Paris, France, through Dakai Agency

好奇心的力量

作　　者：（法）弗拉维亚·马努西
译　　者：刘　倩
出 品 人：赵红仕
图书策划：耿懿凡（36771308@qq.com）
责任编辑：徐　樟
特约编辑：邓英德
特约统筹：高继书
封面插画：周千茹
装帧设计：仙境设计

北京联合出版公司出版
（北京市西城区德外大街 83 号楼 9 层 100088）
北京联合天畅文化传播公司发行
北京美图印务有限公司印刷　新华书店经销
字数 159 千字　880 毫米×1230 毫米　1/32　8 印张
2021 年 8 月第 1 版　2021 年 8 月第 1 次印刷
ISBN 978-7-5596-4686-6
定价：42.00 元

导 言

让我们想象一下——某天，一个小女孩或小男孩开始发问：“妈妈，这是什么呀？这又是用来干什么的呀？”当他们长大一点时，他们又开始好奇：“生命的意义是什么？其他星球上也有生命存在吗？”

好奇心是人类生命存在和进化的一个强大驱动力，它犹如一粒小种子，等待着被激发、被鼓舞、被唤醒。

现在，让这本书作为你的向导，我们一同去探索“好奇心的力量”！

序 言

是什么赋予我们

生命的意义

这本书主要是关于当代心理学的一些核心概念的入门介绍。当代心理学鼓励我们去挖掘自身的"生活宝藏"——美好的品质和价值观，从而过上更好的生活，更好地与自己、他人和整个世界相处。

这本"生活手册"涵盖了赋予我们生命意义的所有事物，那些不可或缺的价值观，那些有待我们去唤醒、寻回和拥有的美好品质：宽容、感恩、好奇、温柔、善良、慷慨、宽恕、诚信、乐观……

这是一本丰富清晰、方便实用的生活手册，它帮助我们了解：

    ◆   好奇心是怎么形成的？它的内在机制和发展过程分别是怎样的？它背后的科学意义是什么？

    ◆   好奇心的作用是什么？有什么好处？有什么不利的影响？它们在发展过程中经历了哪些变化？

    ◆   如何拥有好奇心？如何挖掘这些"生活宝藏"，如何利用好奇心来改善生活，优化我们的生活方式、生活体验和思维方式？

　　在这本"好奇心生活手册"中，你将接触到一种与时俱进的心理学研究方法。它将帮助我们领悟生活的真谛，确立自己的价值观，树立美好的品质，培养个人能力，不断充实自我，让生命焕发出应有的光彩。

　　这不仅是一本"生活手册"，也是一本旅行手册，引导着我们前行。带上自己的好奇心，愉快地上路吧！

　　　　　　　　　　让娜·西奥 - 法金（Jeanne Siaud-Facchin）

目 录

第一部分

为什么好奇心是
人生动力的源泉？

从儿童时期到青春期，再到长大成人，我们的好奇心不断演变，但成年人历事越多，潜在的失望、愤怒、焦虑会让疲倦感成倍增长，容易受"选择性概括""消极预期"以及"慢性悲伤"的影响，从而阻碍了好奇心的发展，导致成年人更容易养成懒惰、焦虑和拖延的习惯。

好奇心：与生俱来，还是后天养成

　　你有没有观察过几个月大的婴儿？好奇心是与生俱来的，还是后天养成的？如果是后天养成，那是为什么？或许，你心里已经有一个答案，不如把它写在下面，然后我们再来看一看你的直觉到底准不准！

_____

_____

_____

_____

_____

_____

_____

◆ 好奇心完全是与生俱来的，要么有，要么无。

◆ 孩子是否有好奇心完全取决于他们的父母，往往是父母激发了孩子的好奇心。

◆ 好奇心是一种品质，孩子们一开始没有好奇心，通过与周围的人和事物进行互动，慢慢培养了好奇心；对孩子来说，新环境唤醒了他们的好奇心。

你的答案是这三种里面的哪一种呢？好吧，不管是哪一种，这三种答案都是对的。接下来，我们就一起来看看究竟是为什么吧!

大约在 20 世纪 70 年代，瑞士儿童心理学家让·皮亚杰[1]对儿童的行为进行了系统的观察。作为儿童心理学家，他希望了解生命个体，尤其是儿童，是如何适应环境并与之互动的。为此，他观察了不同年龄段的孩子在危急情况下的行为。

而我们的观察对象则是新生婴儿! 他转过身去，用敏锐的目光注视着发出声响的新事物，拿起手边够得着的东西并把它放到嘴里。在形成对自我和周围环境的意识之前，他已经能够通过一些行为来和外界互动，适应环境，不断成长：他具有本能的条件反射，能将注意力分配到他所看到或听到的事物之上，

---

1 让·皮亚杰(Jean Piaget, 1896—1980)，瑞士人，现代最著名的儿童心理学家、生物学家和哲学家。皮亚杰系统地研究了儿童的认知、智力和思维的发展与结构，他把生物学的原则和方法运用到人类发展的研究中，也把生物学中的许多术语直接引入到心理学中。

拥有吸吮和抓握的本能。从这时起，探索事物的萌芽期已经开始了！也就是说，婴儿从出生起，就通过这种本能反射开始了他们对外界的探索。

寻觅欢乐

经过多次互动尝试，婴儿开始发现，一些偶然发生的肢体动作能够带来积极的情绪体验，比如用大拇指碰碰嘴唇就能够产生快感。

随着宝宝不断长大，他们对周围环境也有着越来越多的接触：比如说，在 4 到 8 个月大的时候，宝宝开始学会摇铃或者是拉扯玩具上的绳子来制造声响。

在这个早期发育阶段，情绪对婴儿的行为选择和习惯养成是至关重要的。总的说来，人总是倾向于保留那些让自己产生积极情绪的行为：积极情绪强化了我们的行为，还可能让我们不断重复这一行为。这对婴儿来说是很重要的，对我们成年人也是如此！现在请你记住这一点，我们很快就会继续对此深入探讨！

好奇心满满的小探索者

婴儿在几个月大的时候会慢慢意识到，其实存在着一个对他来说无比陌生的外部世界，而意识到这一点后，他们将对探索这个外部世界萌生出新的好奇心。

用儿童心理学家皮亚杰先生的话来说,孩子在 12 个月到 18 个月大的时候正处于一个活跃期。在这个阶段,他对周围的生活环境的好奇心会与日俱增:我们会经常看到他被生活中的某个东西吸引,然后想尽办法来研究这个东西,就像是在进行一项科学实验。比如,他会尝试从不同的高度,倾斜着或是猛地把一个小球丢到浴缸里,只是为了观察他这样做究竟会产生什么样的后果。孩子通过一次次的实验,不断探索着自己要用什么方法才能对周围的生活环境施加影响。

所以,从这些小生命诞生的那一刻起,他们就萌生了对周围生活环境的兴趣和好奇心,并在兴趣和好奇心的驱动下开始进行探索。这种兴趣、好奇心和探索会随着孩子成长阶段的更替而呈现出多样化的形态,时而简单,时而复杂。

那么,究竟为什么我们生来就拥有好奇心,并且还乐此不疲地去探索我们周围的环境呢?让我们再次来看看皮亚杰先生是怎么说的。

好奇心和成长:一场幸福的"婚姻"!

让·皮亚杰先生著作的核心观点是:只有通过与外界环境的交流,我们才得以成长。这也回答了我们最开始关于好奇心是先天就有还是后天养成的问题:单凭我们自己的力量是无法满足成长过程中的一切需求的!

就算我们尚不具备那些高级的能力（比如沟通能力、行动能力、社交能力等等），我们也能成长得很好，真正不可或缺的是供我们培养这些能力的外界环境。倘若缺少这种与外界环境的互动，我们便很难培养上述的任何一种能力，或者说很难全面地培养这种能力。

比如说语言能力，就算我们生来就会讲某一门语言，但我们真的可以不依靠与外界进行交流就能够拥有熟练使用这种语言的能力吗？显而易见，这是相当困难的。

从呱呱坠地的那一刻起，我们就开始与周围的人和事物互动，以此来锻炼我们的能力，进一步与我们所处的这个世界进行更加高效的互动。

我们积极探索，探索让我们得以洞察全新的世事百态。随着时间的推移，我们探索中遇到的磨难和考验也不断增加，正是如此，我们的适应能力才不断获得提升。人类对探索是情有独钟的，不然的话，我们为何不一开始就选择按部就班地过一辈子呢？我们渴望进步，以昂扬的斗志去迎接纷繁复杂的挑战，见招拆招。

原生家庭是否损害了你的好奇心？

我们生来就拥有一颗好奇心，并在好奇心的驱使下开始探索周围环境，练习与周围环境更好地互动交流。对于本部分最开始提出的那个问题，如果你给出的回答是第二种类型（即"孩子是否有好奇心完全取决于他们的父母，往往是父母激发了孩子的好奇心"），你内心其实还是充满疑惑的，你也许会接着反问自己："那该如何解释有些孩子喜欢探索，而有些孩子却不爱探索或是很少去探索呢？"问得好！在好奇天性的发展过程中，有一个至关重要的因素：依恋（又称依附）。这一概念是由一位来自英国的心理学家约翰·鲍尔比[1]在20世纪60年代提出的。

鲍尔比认为，与幼年时期的动物一样，儿童拥有一种生物本能，能与某一特定的个体（通常是母亲）建立一种强烈的情绪联结：一种依恋关系。而这一特定的个体被称为"依恋对象"。这种联结能让孩子有一种安全感，使其免受危险和坏人所扰。人的依恋关系要比动物复杂得多，通常建立在孩子与母亲之间。这种依恋关系对孩子的好奇心也有着很大的影响……因此，父母在孩子好奇心的养成过程中起到的作用不容小觑。

依恋是什么？

我们可以对"依恋"作如下定义：当我与我所爱的人特别亲近时，我感觉很舒服，很有安全感；当我离开他的时候，时间一长，我就会感到越来越焦虑，闷闷不乐，孤独得无所适从。

1　约翰·鲍尔比(John Bowlby, 1907—1990)，英国精神病学家、心理学家，母爱剥夺实验和依恋理论的创始人。

想想你的初恋往事，或者是你与爱人的二人世界：和你爱的人不管是见面，还是接触，都会带来积极的情绪和感受——热烈感、甜蜜感、安全感或是拥护感。你会一直惦记着，想知道他（她）去哪儿了，人在哪儿呢？如果是这样，从心理学的角度上讲，你和这个人之间已经形成了一种依恋关系。就像孩子与母亲之间一样，你和你的爱人（甚至是和一件你珍视的物品）也会变得如此：你开始担心他（她）是否像你对他（她）那样对待你，又或者担心你们之间的关系是不是出了什么问题，你可能也会变得特别黏人！不过，这时候你就会意识到，从某种意义上说，你对你的爱人，或者对你所珍视的物品产生了依恋。

依恋的产生有其本质原因，要想更好地理解依恋关系的实质，以及"依恋""探索"和"好奇心"这三者之间的关系，我们应该从儿童时期开始说起。

根据鲍尔比的定义，依恋最初是指婴儿与其照顾者之间的稳定关系和特殊纽带。这一关系是在双方的互动交流中形成的。

通常来讲，母亲是主要的依恋对象，其实婴儿的照顾者也可以成为依恋对象。他们的作用在于：确保宝宝的健康成长，满足其需求，保障其安全，不让宝宝挨饿受渴。另一方面，宝宝生来就爱与周围环境互动，但又需要确保母亲就在自己身边。他们整天咿咿呀呀，时而开心大笑，时而号啕大哭，时而高举双臂……这些统统都是依恋关系的行为表现！

"安全基地"：温暖的"庇护所"

这些依恋行为演变得很快。从 8 个月大的时候起，宝宝就屁颠屁颠地跟着他的妈妈，远远地跟妈妈咿咿呀呀地说话，以确认妈妈就在自己身边。当宝宝确认妈妈就在附近，而且附近也没有什么危险时，他就会走远一点点，充满好奇地去探索周围环境。但是，如果宝宝不小心弄疼了自己，或者被什么东西吓着了，他又会立刻回到妈妈的臂弯中去，那个给他温暖、使他安心的温暖臂弯。

那么，"依恋"和"好奇心"又有什么关系呢？对此，心理学家约翰·鲍尔比提出了一个巧妙的比喻：他认为"对孩子来说，妈妈就是一个安全基地"。正是由于这个安全基地的存在，孩子才能勇于探索，对周围世界保持满满的好奇心。

一旦这个"安全基地"出了任何问题（比如说，妈妈暂时走开了一会儿），又或者当孩子达到了他探索的极限，开始感觉有危险时，孩子就会急着要回到这个安全基地，找回他的舒适感。

知道妈妈就在自己身边，给自己支持和鼓励，孩子自然会觉得安心、快乐而又舒服。由此，孩子也就能慢慢开始他的探索行动了！这种依恋关系其实也就是指内心有安全感，感觉自己有人保护。正是因为我们相信有个温暖的港湾会始终如一地守候着我们，我们才能够激发自己的好奇心，探索未知的世界。说到这里，我要告诉那些在我一开始提的第一个问题上赞成"孩子是否有好奇心完全取决于他们的父母，往往是父母激发了孩子的好奇心"的读者朋友，你们答对了！

每个人都有自己的依恋类型和好奇心

当然，事情绝不会如此简单……依恋关系并非只有一种，它可以细分为四种类型！

这四种依恋关系其实来自英国心理学研究者所设计的"陌生情境"实验，这项实验模拟了母亲与孩子分离和重聚的场景。他们在实验中观察，当孩子的妈妈离开五分钟，留孩子独自一人在房间或者和一个陌生人待在一起时，孩子的反应是怎么样的；当孩子的妈妈回到房间，孩子的反应又有什么不同。

我们会发现，这四种不同的依恋类型，恰恰都是好奇心的不同体现！

安全型

实验中，一个名叫马克的孩子表现出安全型依恋：当他和妈妈要分开的时候，他会抗议，甚至大哭，当他看到妈妈回来的时候，他会快步走向妈妈，抱住她。当他焦虑的时候，他很容易就能冷静下来，并且没过多久就又跑去玩了，甚至还左看右看，满是好奇地到处探索。

马克妈妈的反应和马克是基本一致的，她既没有对孩子特别冷淡，也没有对他过度保护。在与孩子互动的过程中，马克妈妈一举一动都很自然，一如往常，和孩子维系着一种稳定的关系。与此同时，马克也和他的妈妈建立起了一种互信感。

回避型

另一个名叫赛琳娜的参与者则表现出回避型依恋：不管是在她妈妈离开时还是回来时，她都不会流露出太多情感。妈妈不在时，她就一心玩着房间里的玩具，对其他事物毫无兴趣；妈妈回来时，她也视而不见，把目光转向别处，与妈妈保持距离。

为了更好地适应忽冷忽热的妈妈，赛琳娜总是压抑自己的依恋需求，不让自己情感外露。她之所以这样做，是因为害怕妈妈会拒绝她。

矛盾型

斯特凡纳属于矛盾型：要和妈妈分开时，他就会极力抗拒，紧紧抱住妈妈不放，焦躁不安地号啕大哭起来；妈妈回来了，他也同样矛盾不安：一方面四处寻找妈妈的踪影，另一方面又表现出愤怒的情绪，抗拒妈妈对他的安抚。他想通过这样的方式来惩罚妈妈，告诫妈妈下次可不能再离开他了。

要安抚斯特凡纳并不是件容易的事，他需要很长时间来重新开始玩耍。妈妈不在的时候，他不太愿意去探索周围环境，也缺乏好奇心。事实上，他很黏他的妈妈，非常害怕和妈妈分开，因为他感觉妈妈对他总是忽冷忽热，并不是那么值得信赖。

如果妈妈走远了，他就会害怕失去她。他把全部精力都集中在妈妈身上，因此对周围环境的好奇心也并不强。

混乱型

莱娅表现出的依恋类型是混乱型：与妈妈分开的时候，她不知道要如何处理自己的焦虑情绪：她会比画一些奇怪的手势，甚至还拿头撞墙；妈妈回来的时候，她同样会有一些奇怪的行为，比如她会对妈妈格外冷淡。本该给她带来安全感的妈妈，现在成了致使她焦虑的罪魁祸首。

这种类型的孩子通常都遭遇过身体上或心理上的暴力伤害。很显然，对莱娅来说，由于无法受到"安全基地"的保护，探索周围环境变得十分困难，她的好奇心也被完完全全地束缚了。

依恋类型是由什么决定的？

我们刚刚讨论到，不同的依恋类型对好奇心分别有着促进或者阻碍作用。我们现在来进一步思考：依恋类型是由何物及何人决定的？

——孩子？

——母亲？

——父母双方？

——母亲和孩子？

——父母和孩子？

孩子养成一种依恋类型主要取决于两方面的因素：一是孩子天生的气质，有的孩子温顺懂事，有的则桀骜不驯；二是母亲的心理特征、她的性格及人生经历如何。换句话说，孩子某种依恋类型的养成，是由孩子的气质和母亲的性格及经历共同作用的。

这两方面的因素（孩子的气质及母亲的性格和经历）相互作用，由此产生了一种母子之间的特殊关系，它属于我们前文中讨论到的四种依恋关系中的某一种。

那父亲呢？他们的角色也十分关键。如今，父亲也是在孩子很小的时候就开始照顾他们，那为什么他们却被排在第二位？因为孩子只能和某一位与他有最多接触的人形成主要依恋关系。除此之外，对那些经常接触的人，比如说父亲，孩子则会与之形成一种次要依恋关系。当然，如果父亲更多地照料孩子，与孩子的交流更加频繁，那么自然而然地，你与孩子的依恋关系也就是第一位的了。

成年之后呢？

依恋关系主要是在宝宝刚出生到满周岁这一年里形成的，不过成年之后也会有各种各样的依恋关系，这时的依恋对象往往是我们的伴侣，或者说是我们信赖的成年朋友……这就是我们的"信任对象"！对孩子和成年人来说都一样，正是由于"安全基地"的存在，我们才能对周围环境充满好奇，即使遭遇不顺，即使心灰意冷，我们依旧能够安然自若，投身到工作抑或是新的探索中去。这个"安全基地"时刻给予我们无穷的安全感和莫大的鼓励，是我们坚强的后盾。

那么，我们与依恋对象的关系以及我们的依恋类型是通过何种方式来影响我们的探索能力和好奇心的呢？

依恋关系使用说明书：心理表征

在快满周岁的时候，孩子开始能够在头脑里对周围的世界和身边的人创建心理表征[1]。

有了这种能力，孩子能够对自己与依恋对象的关系创建起心理表征，对这种依恋关系产生一定的认识（比如，孩子会思考："为了让妈妈满意，我该做什么，不该做什么？"）。在此基础上，他进一步建立起对自我的表征（"我值得被爱吗？我是一个能干的孩子吗？"），以及对其他人乃至对整个外界的表征（"世界是危险的吗？世界是充满惊喜与新鲜事物的吗？"）。鲍尔比将这些心理表征都称为"内部工作模型"，这就有点像使用说明书，有了它们，孩子才得以在偌大的世界中定位自我，

---

1 心理表征：认知心理学的概念，指信息或知识在心理活动中表现和记载的方式，也可以理解为人或事物在一个人内心中的样子。

定位自己与他人的关系。

至于每个孩子拥有怎样的使用说明书，是由他的依恋类型所决定的。

在具有"安全型"依恋的马克创建的心理表征中，每个人都是充满同情心的、值得信赖的、愿与他人患难与共的；自己也是讨人喜欢的、值得被爱与被关注的。对他而言，世界是一个等着他去探索的广袤无垠的宇宙。马克对自己充满信心和希望，时刻准备着开启新的探索之旅。

相反地，在赛琳娜（"回避型"）和斯特凡纳（"矛盾型"）所创建的心理表征中，自己是无能的、不值得被爱的；他人是不值得信赖的，必须小心谨慎地和他人打交道，即使遇到困难也不敢指望他人帮忙。整个世界都充满危险。他们往往很自卑，不愿探索，没什么冲劲，自然也就没什么好奇心，新鲜事物对他们来说都是索然无味的。

同样，莱娅（"混乱型"）则会因为与母亲之间的关系变化而焦虑万分，从而无法对周围事物集中注意力，更别说对它们好奇了。

下面我们用示意图来表示一下依恋类型、探索欲与好奇心三者之间的关系：

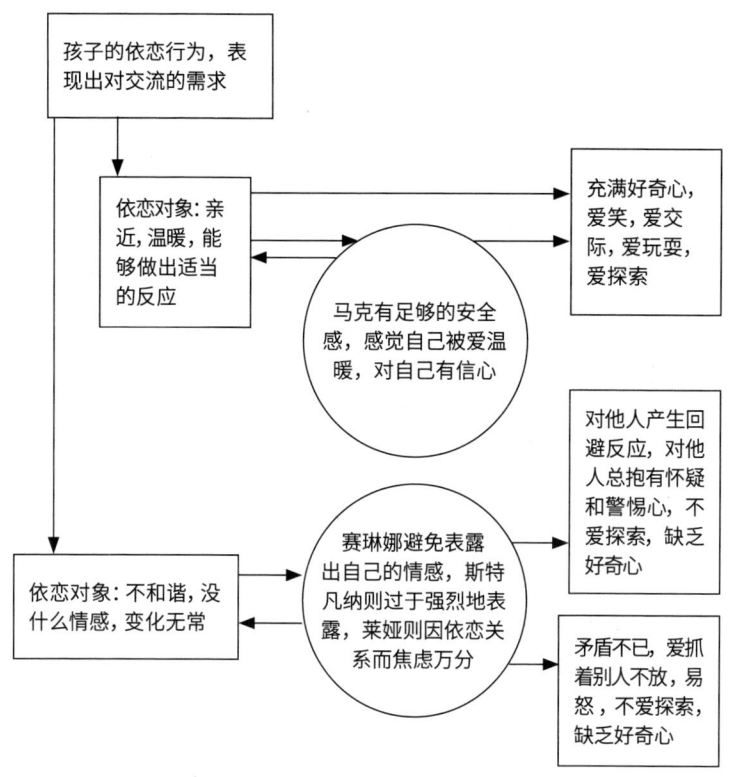

依恋类型、探索欲与好奇心三者之间的关系

来吧！把第 19 页的示意图填充完整，你可以看看自己的好奇心是如何产生的，以及在你的成长过程中，有哪些因素限制了你的好奇心。

回答下面这些问题，然后根据示例，在第 19 页的示意图中写下你的答案！

* 根据你的父母或在你童年时期照顾过你的人的描述，

你属于哪种类型的小孩?

· 你是那种老爱黏着父母、很爱哭的小孩吗?比如像斯特凡纳那样的?

· 你是那种不太流露情感、十分独立的小孩吗?比如像赛琳娜那样的?

· 你是那种容易安抚、自信大胆、不惧探索的小孩吗?比如像马克那样的?

☞ 把你的答案写在"我的依恋类型"这一格里面。

◆ 你会用哪些形容词来描述你自己?用几个词来描述一下你对自我的心理表征?

☞ 把你的答案写在"对自我的心理表征"这一格里面。

◆ 你对他人的心理表征是怎么样的?你怎么看待其他人?

☞ 把你的答案写在"对他人的心理表征"这一格里面。

◆ 请用一些形容词来描述你对人际关系的心理表征。

☞ 把你的答案写在"对自我与他人关系的心理表征"这一格里面。

◆ 你对自己有信心吗?你觉得自己会成功吗?

☞ 请在"有信心 / 没信心"这一格中勾选出你的答案。

◆ 最后一题，你觉得自己能直面未知的事物吗？你是一个拥有好奇心的人吗？你是否感觉自己难以承受生活中的变化或者意外？只要你觉得还有什么事情没有完全准备好，你就不会轻易迈出踏上探索征途的第一步？

☞ 请在"开放包容，探索能力……"这一格中勾选出你的答案。

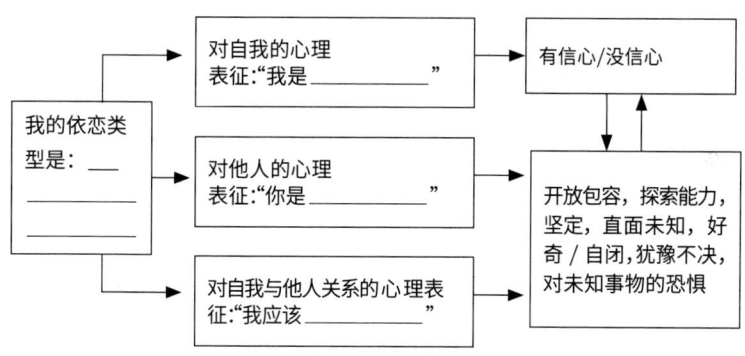

你的依恋类型与好奇心之间的关系

结果出来了！我们现在得出了足以判断你是否拥有好奇心的重要因素！

我们在童年时期产生的对自己、对他人、对周围世界以及对依恋关系的心理表征将会一直伴随到我们成年……但这并不是一成不变的：我们将会在本书的第二、三部分讨论这一点，我们总是游刃有余地应付人情事变！

说到这里，在本书最开始的问题中给出了第三种答案的读者们，之前一直把你们晾在一边，现在我终于可以给你们答复了！你们说的也是对的！那么，在我们证实了"好奇心是一种天生的品质""父母在好奇心的培养过程中的作用至关重要"这两个观点之后，现在我们一起来看看，究竟为什么我们说环境唤醒并激发了孩子的好奇心？

好奇心的良性循环和动力：积极情绪和环境的作用

母亲与孩子之间的交流方式决定了孩子将养成哪种依恋类型。马克的母亲随时都在孩子身边，让他感到安心，这对马克来说就是一个"安全基地"，这让他能够始终保持一颗好奇心，信心满满地去探索。他也不会掩藏自己的好奇心，因为他觉得自己是可以去冒险、去面对未知事物的。即使他遇到失败或者危险，他一回头，身后的安全港湾也一直都在。

那么，是什么在推动着马克与他所处的周围环境积极互动？是什么促使他反复去探索？又是什么孕育了他对外部世界的好奇心呢？

想象我们正在观察一个孩子，观察他如何费尽九牛二虎之力，最后终于爬到一张沙发上，从他身上我们能够看到什么？写在他脸上的全是惊喜、高兴和得意，激动与兴奋仿佛灌满了他整个身子。他的探索让他愉悦不已，点燃了他体内的正能量：

他的好奇心获得了回报！

"我掌控，故我在"

当前的心理学研究表明，一个人愉悦与否，与其基本生活需求是否得到满足并无多大关系，而与情感能力密切相关。研究者将这称为"掌控的愉悦感"。

比如说，当你的孩子通过亲身体验，进一步认识和了解到自己所处的这个现实世界，对一些事情更有把握，他便能体会到这种愉悦感。同样地，当我们对某个问题的理解更加深入，感觉自己能够很好地掌控它；又或者，当我们感觉自己在某个行业领域小有成就，实实在在地掌握了某方面的知识或者技艺，我们也能够体会到这种愉悦感。

这种积极的情绪是激发我们自发地保持好奇心、不断探索的重要动力之源：它驱动着我们探索周围环境，让我们对周围环境的理解不断深化。

"掌控的愉悦感"指的是在探索过程中会反复产生的惊喜、欢乐和得意等情感。这些情感往往会让你觉得："我真棒！""我真行！""我成功了！"这种掌握某种本领的愉悦提升了我们的自尊心和自信心。没错，这种信心激励孩子们以及我们每个成年人进一步投身到探索中去，好奇心的良性循环就是这样开始的！

未来是光明的：积极心理预期

成就感会让人对未来的探索产生积极的心理预期："这次我成功了，下一次我还可能成功！"关于探索，无论是孩子，还是大人，都会设想各种积极的场景：生活掌握在我们自己手中，各种有趣的事物等着我们去探索，并不是想象中的危机四伏。伴随着一次次的成功，我们也更加相信自己有能力应对一切。就是这样，我们也变得越来越精干高效。这些积极预期强化了我们探索的意愿，又一个良性循环开启了！

环境不仅唤醒了孩子天生的好奇心（如果这份好奇心没有被前面提到的一些因素所束缚的话），并在他的探索取得进展时，持续不断地强化他的好奇心。

各大要素大盘点！

看起来似乎还是有点难以理解，只要我们把好奇心的良性循环中的要素都汇集起来，一切就一目了然了，也就是你看到的下面这个示意图：

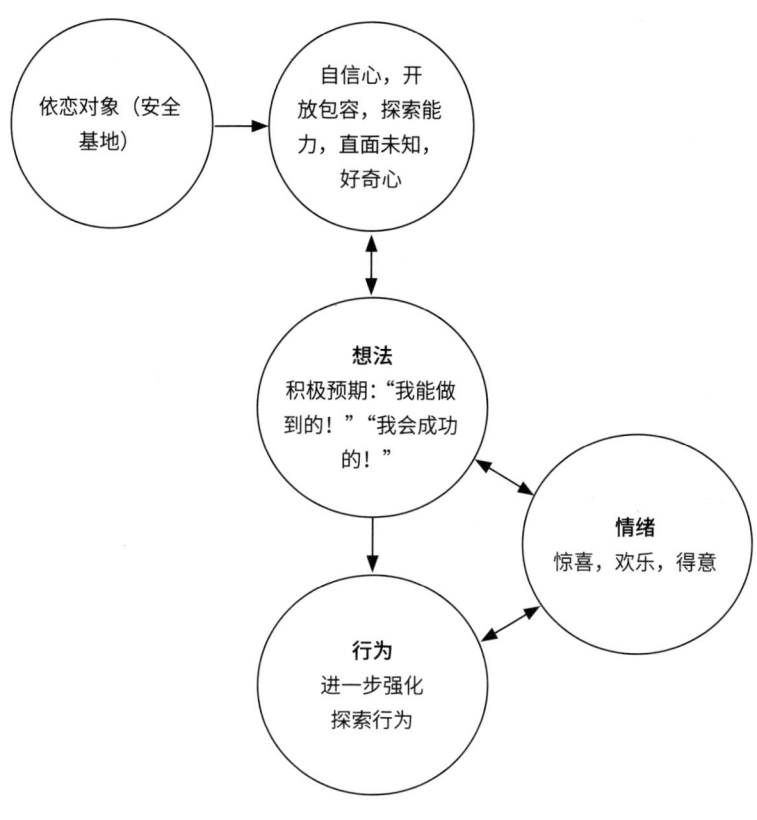

好奇心的良性循环

不良的教养方式怎样损害你的好奇心？

　　有时候，好奇心的良性循环会停止运行或是循环不畅。这时，斯特凡纳和赛琳娜就会对周围环境慢慢失去兴趣，减少或者放弃探索。

我们已经强调过"安全基地"的重要性，它的存在让孩子敢于探索，踏上未知的探索征途，但有些孩子，像斯特凡纳、赛琳娜和莱娅这样的，他们都无法信任这个"安全基地"。

一个安全基地到底应该具备哪些条件才能让孩子觉得安全呢？

把你的猜想写在下面！

_____

_____

_____

_____

_____

_____

"你看见我了吗？"

电影《阿凡达》中的角色用"我看见你"来表达"我爱你"，多么浪漫的表达啊！"被看见"是人生中一个相当重要的体验，它意味着你作为一个有欲望、有情感、有需求的个体生命，获得他人的接受、容纳和认可。在发展心理学中，我们将这称为"孩子在妈妈眼里的镜映"，从这个镜映中，孩子能够获得一种自我价值感（能够看到自己、确认自己的存在），肯定自己所做的事情的价值。

总的来说，每个孩子都经历过"被看见"，它影响着孩子的好奇心和探索能力。

举个例子，如果一位母亲在孩子探索过程中不给孩子支持，她就无法给孩子传递积极的情感，不会与他有眼神交流，不会对他微笑，更不会兴奋地为他呐喊。这些其实都是鼓励孩子继续探索的重要动力。

孩子的母亲也可能不太擅长表达情感，这通常和她的一些个人经历，尤其是她和自己父母的关系有关。当然，也可能是因为她过于劳累，又或是她遇上了什么烦心事，无暇再顾及其他事情。

心理学家埃德和索斯通过一项有趣的实验进一步表明了母亲的情感支持在孩子探索过程中的重要性。

图书馆实验

这两名心理学研究者邀请了一位母亲和她15个月大的宝宝来到图书馆里的一间阅览室中。阅览室内还有一位女士在读报纸，这对宝宝来说是一个完全陌生的未知处境。

埃德和索斯的这项实验表明：孩子进行探索的活跃程度取决于母亲的行为。如果母亲选择不看报纸，而是对孩

> 子的一举一动予以关注，比如说冲他微笑，那么孩子就会更加积极地探索；如果母亲选择看报纸而不关注孩子，孩子对探索的热情就会大大减退。

当母亲与孩子之间缺乏对积极情感的互相分享，往往会在孩子心中留下障碍。其实对我们成年人来说也是一样，当我们无法和我们最在意的人分享我们的快乐，我们也一样会缺乏动力，不想努力工作以盼升职，不想外出旅行，不想探索未知的未来。

"一刻也别松懈！"

影响孩子安全感和好奇心的另一个因素，是母亲行为和情绪的不稳定性。如果母亲一会儿陪在孩子身边，给予其支持鼓励，一会儿又忽然离开，去干自己的事情，孩子就会认为母亲对他的态度是阴晴不定的，他会觉得找不到一个能够随时依赖、被人保护的"安全基地"。他的全部精力（或者说大部分精力）都放在了如何处理他和妈妈的关系上面，他会很担心是不是下一秒就会失去妈妈。因此，他会一直黏着妈妈，对周围环境的好奇心也会逐渐消退。

对成年人来说，如果一对情侣遭遇情感危机或者深陷情感旋涡，"安全基地"对他们来说也就不再安全，他们投入到工作中的活力也会大大减少。

不管是大人还是小孩，二者的过程都是一样的：当更多的精力被耗费在如何维持关系上时，人就没有心思再去探索外部世界了。

爸爸妈妈的眼镜

我们戴着属于自己独有的"眼镜"观察周围的一切。这里的"眼镜"是指我们前面提到的依恋关系里的几种"内部工作模式"：我们对自己、对他人、对自己与他人关系、对世界的心理表征。

在父母与子女的关系中，父母一般通过直接（借助言语）或间接（借助肢体语言或行动）的方式，将他们对孩子、对其他人、对周围世界的表征传递给孩子，就像是他们把自己的"眼镜"传给了孩子。

孩子从父母那儿得到的"眼镜"也就成了影响孩子看待世界和他人的好奇心的第三个因素。

举个例子，斯特凡纳的母亲所构建的对世界的心理表征是"世界是充满危险的"，她在面对斯特凡纳的时候就容易产生焦虑情绪，她还可能过度保护他，将他严格看管，竭力地不让他受到任何伤害。

因此，对斯特凡纳来说，当他戴上母亲给他的"眼镜"去看待世界时，他就已经有心理预期了：他会很快就发现世界是危险的，必须时刻保持小心谨慎。从母亲的"眼镜"里面，他看到了在潜在危险面前脆弱得不堪一击的自己，他会在心里琢磨："妈妈如此担心我，这说明这个世界真的很危险，或者是妈妈觉得我没有能力去应对这些危险。她是我妈妈，她这样认为肯定有她的道理！"

当然，事情没有这么绝对，所以不必恐慌，更无须感到内疚！天下没有十全十美的父母！不管怎样，就算我们的父母在我们童年时期给我们留下了他们看待世界的烙印，而且就算这个烙印潜移默化地影响着我们与自我、与他人、与世界的关系，以及我们对身边事物的好奇心，别忘了，如今的孩子们对父母的一些看法也是会提出质疑与挑战的，尤其是那些处于青春叛逆期的孩子。

当良性循环卡住了：伤害成人好奇心的三种习惯

从儿童时期到青春期，再到长大成人，我们的好奇心不断演变，但各种阻碍势力也是虎视眈眈，其中最常见的两大"拦路虎"，在认知行为疗法上，我们称之为"选择性概括"和"消极预期"。

你是不是遇到过这两大"拦路虎"？别害怕，这都是正常的心理反应！其实，虽然说它们是"拦路虎"，但它们不仅能帮助大脑正常运行，还能让我们维系生活平衡，保证良好的生活品质。

如果这些心理体验频频产生，而我们又不懂得灵活应对，它们便可能成为好奇心的劲敌，带来许多负面影响。也就是说，知道如何更好地处理这些心理反应，是问题的关键所在。我们现在来进一步讨论。

聚焦现实：选择性概括

"选择性概括"是一种心理机制，它引导我们将注意力集中在事实的某一部分上，犹如我们在用放大镜仔细观察它一样。遗憾的是，我们选择放大的东西往往是那些我们自认为羞愧不已的事情！哪怕这些"阴影区域"本身并不起眼，可我们拿着放大镜看，一厘一毫也显得巨大无比！（比如说，我们的出身、我们做过的事情、我们说过的话……）而且，用放大镜看到的可能都是负面的东西，我们甚至会断章取义，全然忽略事情的积极方面。

我们的注意力是有限的，因此会对大脑接收到的信息进行选择性处理。这种选择有时是有意识的，有时是无意识的，或者说是自动的。那么，如果这是一种自动的无意识的选择，我们的选择标准是什么呢？

前面已经说过，我们的思想中包含了我们对自己、对他人、对世界的心理表征，这些心理表征是在我们与父母之间的关系中形成的。前文已经指出，这些表征是相对稳定的，它们一般不会随时间的推移而改变。

为什么这些心理表征总是趋于稳定，保持不变呢？

"小拇指"的小面包屑

我们的大脑需要维持稳定，尤其需要保持一定的平衡。

为了不迷失在半路，我们会布置路标。同样地，我们也在大脑中撒下能够为我们指明道路的小碎屑：我们的价值观、我们所珍视的人和事物、我们的个性，以及我们的使用说明书——我们对自己、对他人以及对人际关系的心理表征……你也许会理直气壮地说："如果没有这些，我该怎么办？我会感到完全迷失！"这就有点像被丢弃在森林里的小拇指找不到用来标明道路的面包屑[1]！

为了找回我们的小面包屑，我们有时难免会需要借助"选择性概括"。它让我们觉得前方的路是安全的，我们也不用再担心会迷路！为什么会这样呢？

道理很简单：这种机制让我们的大脑"选择性地提取"（就像我们所说的"选择性概括"）与我们内心的表征或信仰一致的要素。至于那些与之相矛盾的要素？一句话，它们不会（或者很少）被考虑在内：我们的注意力不会在这上面过多地停留，而是集中在与我们思维方式吻合的事物上。

---

1 这句话出自法国童话故事《小拇指》中的情节。

现实生活中，我们还有很多
其他"小拇指"一样的人物……

让[1]加入了一个政党，他表现得很活跃，定期与党内其他政治活动家会面。与此同时，他也继续和与他观点相左的朋友保持往来。有时他们会就新闻时事展开辩论……他旁征博引，竭力证明自己所在的政党充分了解当前形势，并能够提出改善现状的解决方案。而他的朋友对他的意见则是敷衍两句，随后便只顾陈述自己的新论点……

多年来，塞莱斯特接受的都是天主教教育。作为天主教信徒，她经常出入教堂，很信任教堂里的神父和神职人员。当一位朋友对她谈及教会内部的丑闻时，她惊讶万分；但她又说，不管怎样，这也已经不是人们第一次试图诋毁教会了……

你看，让的朋友和塞莱斯特在政治或宗教中，似乎都分别发现了"解读"现实的关键。他们既还没准备好放弃自己所持的观点，也不愿轻易去质疑……他们更无法满怀好奇地接纳其他可能的观点……也许这时候，我们其实需要去找寻平衡，进行选择性概括？

1　让：法国常用人名。

"节约认知"还是"保持好奇"？

的确，我们的大脑需要一些相对固定化的标准来维持良好的运作。也就是说，我们不必耗费大量的认知资源来重复质疑一些可以固定下来的内容，比如心理表征、信仰或是价值观……

"选择性概括"有助于维系平衡和保持稳定，这是一种良性趋势，能够自动调节以不断适应新的处境。也就是说，它让我们的大脑"节约认知资源"，否则，我们就得不断重复质疑自己的心理表征、价值观、观点以及信仰……而这样做是毫无意义的。

这种稳定的良性趋势，能够让我们产生一种持久的情感，它也许是虚幻的，却仍然非常重要，因为它让我们觉得自我始终是那个自我。

通常说来，当我们进行"选择性概括"，或者尝试肯定自己的信仰和价值观时，我们可以灵活应变：我们可以批判地反思自我，重新打开自我，对别人的观点保持好奇。打个比方：在我们与他人进行难忘的交流之后，我们得以不断更新自己的认识甚至信仰。生活处处有变通，世界时时需变通！

总之，人们通常维持着这样一种平衡：一方是"确认倾向"，它维系着内心的持久与安定，帮助我们节约认知；另一方是"变化倾向"，对他人保持好奇。我们的精神生活就是在这两端之间来回摇摆！

当我们的大脑囚禁了我们

然而，一旦我们的"面包屑"变成僵硬的铁轨，我们的大脑便深陷其中，没有脱身的法子了！

换句话说，"选择性概括"和"确认倾向"也许会起到负面作用，它们可能会阻碍我们的个人发展、我们天生的好奇心和探索欲的释放。

当这两种心理机制被滥用时，我们会变得很抗拒改变，不会轻易允许其他事物来改变我们的观点或信仰，更不会让我们维持"确认倾向"与"变化倾向"的平衡被打破：既然我们都觉得这种平衡本身就很脆弱了，为什么还会冒着打破平衡的风险去接受新事物？正因如此，我们的好奇心在不知不觉中慢慢减弱。

有时，想想我们自己或别人的经历，我们可能会问自己："为什么我们对自己、对世界以及对人际关系的心理表征明明使我们不快，与我们的现实经历相矛盾，但它们仍然不会发生改变？"

打个比方，为什么一个技艺精湛的工程师明明一次又一次地证明了自己在职场上的能力，仍然觉得自己不够格？为什么一个女人明明被另一半深爱着，仍然认为自己不值得被爱？

我们对自己和他人的这些看法往往是根深蒂固的，这时，我们的"确认倾向"和"选择性概括"或许发挥了一定的作用？

例如，我们的工程师选择性地把更多的注意力放在他觉得自己工作上不够出彩的地方，他忽略了自己获得的成就，简单地认为自己的这些成就都是多亏了一些外在因素（比如他的合作者，或者一些有利的客观条件……）。

至于那个认为自己不值得被爱的女人，她可能往往会忽略另一半给他的爱。她会受内心先入为主的想法影响，把爱曲解成冷漠。事实上，爱人给她发出的，明明是爱的信号。

作为一种宝贵的品质，好奇心本来能够引导我们多看看"别处"，从而调和我们的看法。但是当我们深陷于"确认倾向"和"选择性概括"的负面泥潭中时，好奇心的魔力就瞬间消失不见了……

别碰我的路标！

有时候，人们需要建立稳定的世界观，因为我们不想让模糊不清的自我认同变得更加摇摆不定。在某种程度上，我们需要"坚持"自己的看法和信仰，从而强化自我认同；一旦有什么东西威胁到这一稳定性，我们内心的平衡就会被打破，这是我们需要竭力避免的。

在这种情况下，我们不能仅仅对自己"精神领地"的事物感到好奇，因为在偌大的外部世界的对比之下，我们的"象牙塔"显得如此微不足道。而我们往往就是将自己囚禁在这象牙塔里面，说得好听一点，就是躲在里面不出来。

这样一来，所有的探索，不管是实地考察式的探索，还是虚拟性的探索（比如产生思维火花碰撞的"人际心灵探索之旅"），都会变成潜在的危险。

纵观整个社会，我们很容易在极端主义运动中发现这种僵化的思维模式和这种封闭保守的态度，极端主义者的思想通常都是一成不变的、教条化的。

不足为奇的是，这些极端派会与他们认为的一切"异端"作斗争，也就是所有与他们的狭隘视野格格不入的事物。对他们来说，这种存在于内部或者外部的差异，本身就是一种威胁。因此，他们需要不择手段地予以打击。这样一来，他们也无心探索新事物，好奇心的良性循环被冻结。

闪亮水晶球，我却只看到你的黑色：消极预期

我们前面提到"消极预期"，它是另一个阻碍好奇心和探索的因素。那什么是"消极预期"呢？认知心理治疗师将其定义为"对未来的消极想象"，形象一点地说，它指的是一些消极的，甚至是灾难性的场景！

例如，奥利维尔的朋友邀请他一起去登山，他既不知道登山地点，也不认识除他朋友之外的其他登山同伴。他一边犹豫，一边思索："我从未受过专业训练，我很快就会累得上气不接下气的！我何必去受这个累呢？我觉得自己十有八九也不会和其他人擦出什么火花来，到时候还会觉得既无聊又尴尬……"

人生何其漫长，谁没有过"消极预期"？我们说不定都还想象过各种"灾难性场景"呢！

与"选择性概括"一样，"消极预期"也能帮助我们的大

脑正常运行。"预期"意味着将自己投射到未来，从而衡量我们的行动会产生什么样的后果，以及我们采取的行动或者参与的某项活动会导致什么样的风险。显而易见，"消极预期"能够让我们在采取行动之前考虑到可能发生的负面场景，从而做出判断，究竟是否要抓住时机，投身到这项计划或探索中，是否应该采取行动。

如果我们能够进行这样一种自我投射，就表明我们不会在尚未评估潜在风险的情况下贸然行动。这是一个好现象！

然而，对某些人来说，他们对未来的预期不仅是消极的，甚至往往是灾难性的，他们还会反反复复地想象。这样一来，这些想象中的场景最后可能真的变成现实生活中的灾难！

奥利维尔可能会想："我没有受过专业训练……我可能会感觉不舒服，觉得身体有毛病！万一在山上遇险，救援队肯定很难及时赶到！还有，他们肯定都是经验丰富的徒步旅行者……我肯定会被他们甩在身后，孤零零一个人，被所有人笑话！"

如果人们总是反反复复地想象这些灾难性的场景，他们就会渐渐失去自我调节的能力。换句话说，这些消极预期不仅无法再帮助人们保障自己的惬意生活（或者帮助人们更好地生存），促进人们与外界的积极互动，反而会变成真正的阻碍。

如果你预感自己在山上会觉得不舒服，或者被其他徒步经验更丰富的同伴抛弃然后落单，你是否还会满怀着好奇心去"探索"？

现在你大概能明白"消极预期"和"灾难性场景"对好奇

心及探索的影响了吧！

大部分经常有灾难性预期的人可能会畏首畏尾，这也是可以理解的：如果我预见到危险，我自然会避开它们。与此同时，我探索的视野也会越来越狭隘。

奥利维尔会感到焦虑，并会因自己的消极预期而失去动力。因此他也许会拒绝朋友的邀请，避免让自己感到焦虑。他在短期内可能会觉得如释重负，因为他避免了"危险"，他的焦虑也会减少，他将回到平静的生活"平衡状态"。然而，当下次再面对相同或类似的情况时，他又会表现出同样的消极预期，并再次希望不惜一切代价去避免他所担心的情况。为什么他的恐惧和回避心理不会随着时间的推移而得到改善，而是一直阻碍着他的好奇心呢？这是因为他从未去证实过自己的预期与现实是否存在不符。他永远都无从知晓，这个徒步旅行的目的或许只是想让大家聚在一起，共同度过一个愉快的下午，仅此而已。他永远都无从知晓，大家徒步的节奏没有他想象得那么快，他也不会因此感到任何不适！

你是否有过"消极预期"？

_____

_____

_____

_____

是在何种处境下产生的?

_____

_____

_____

_____

当你以一种消极的方式去思考未来时，你会对自己说什么?

_____

_____

_____

_____

接下来你做了什么? 你是否受到消极预期的影响，并与它相抗争呢? 请将你的经历一一写下。

_____

_____

_____

_____

回答完上面几个问题之后，奥利维尔意识到自己把自己囚禁在这样一个恶性循环当中：

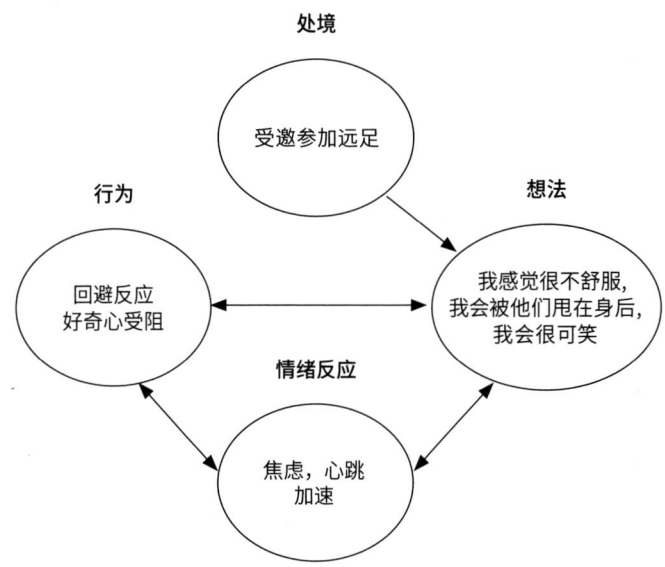

你是否也陷入了这个恶性循环呢？如果是的话，请你在回答下述问题的同时，也将问题后面的图补充完整，画出你自己的循环！你可以随意修改，关键是要描绘出你的亲身感受和体验！

◆ 在你的生活中，是否会经常产生"消极预期"？选择最近产生的一次消极预期作为例子，并将它写在"处境"这个框里面。

◆ 当你做出消极预期时，你会对自己说什么？你头脑里会想象哪些场景？把你与自己内心的直接对话写在"想法"

框内（就像是你在跟自己说话，例如："我会难受的！""别人会说我是个废物！"如果你觉得焦虑不安，你可以将这些场景一一描述）。

◆ 面对这些想法，你的情绪是怎样的？当这些想法占据了你的大脑，你内心的感觉是怎样的？焦虑？愤怒？悲伤？内疚？羞愧？还是惊喜？在"情绪反应"框中写出你的答案!

◆ 在产生消极预期后，你会做什么？你感到无比担心，所以想尽办法去回避？又或是，你不顾一切，勇敢去面对它？在"行为"框中写下你的答案!

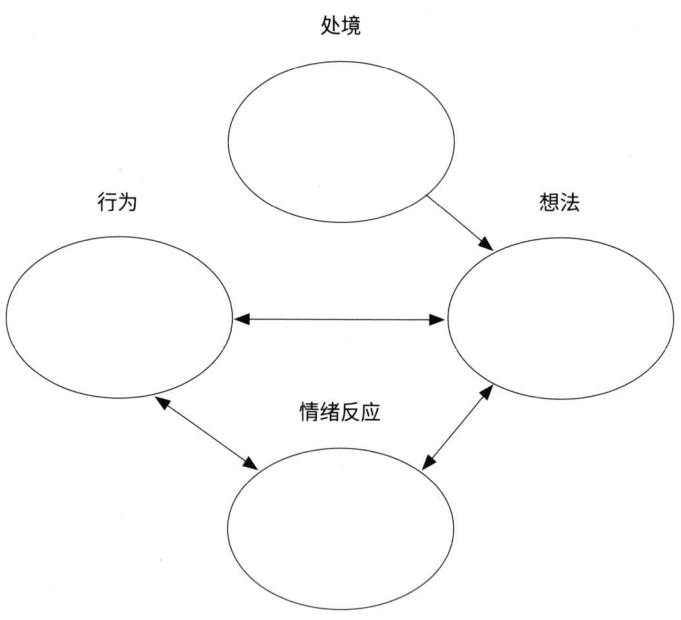

也许你已经找到了跳出这个循环的方法……让我们帮助奥利维尔和那些仍然深陷恶性循环的人走出困境吧！到底是怎么一回事呢？

要想让奥利维尔重获自由，并找回他的好奇心，你有什么建议？

_____

_____

_____

_____

一个小小的建议：对奥利维尔来说，有一个绝妙的办法能够帮助他前进，战胜自己的消极预期，并唤醒自己的好奇心……这个办法是什么呢？

_____

_____

_____

_____

答案是"好奇"！通过投身于探索、开放自我和培养好奇心，来向"消极预期"宣战！我们将在本书的第三部分进一步讨论这种美好品质是如何教我们摆脱"消极预期"和"灾难性场景"给我们带来的沉重负担的。

慢性悲伤的流沙

"慢性悲伤"是限制我们与生俱来的好奇心、阻碍我们探索的第三个因素。它是指我们将原本能够自我调节和适应的情绪（这些情绪是正常且不可或缺的）全部转化成了慢性的悲伤。

在日常生活中，为了表示情绪低落，我们往往会说："我觉得很沮丧。""我感觉心如死灰！"这是因为我们被身边各种各样的烦恼包围着：职场失意，公司裁员；家庭不和，跟伴侣或孩子吵架，离婚，夫妇分居……

如果这种悲伤还不算特别严重，那么只要我们将生活的烦恼慢慢消化，慢慢学会看淡一些事情，悲伤也就会逐渐烟消云散。用心理学的术语来说，我们可以"重新包装"这些烦恼。久而久之，我们也会重新建立起对外界的兴趣和好奇心。

相反，如果形成了"慢性悲伤"，时间久了，悲伤可能会进一步渗透到我们的骨子里：我们不断缩减社交活动，整个人变得越来越自闭。

我们就这样陷入流沙之中。面对对一切都不感兴趣也不好奇的我们，我们的亲友也无能为力。我们在流沙中越陷越深，不去挣脱，也无力挣脱。

说得更具体一点，这些流沙犹如一个"抑郁症的恶性循环"，在这个循环中，悲伤是个无情的"杀手"，它扼杀了我们与周围环境的互动，扼杀了我们对外界的兴趣，也扼杀了我们的好奇心。

当悲伤紧紧围绕着我们

悲伤的恶性循环究竟是如何形成的?

通常来说,一切的悲伤都始于丧失或者失望。起初,我们的悲伤仅仅是对痛苦的正常反应。随着时间的推移,正常反应和病理反应开始慢慢区别开来。

正常反应是:我们能够接纳已经发生的事情,或者说,我们会试着看淡它。例如:家里办丧事,我们能慢慢接受至亲的离世,不管之前我们多么不想承认、多么抗拒。失去亲人的痛苦会慢慢内化,驻扎在我们内心的某一个重要位置。与此同时,我们也能慢慢重新过上正常的生活,参加自己感兴趣的活动,到亲戚朋友家串门。颓废了一段时间后,我们在好奇心的引领下,依然可以重新走向外面的世界。

第二种是"病理反应",具体的表现是我们无法接受事实,无法继续正常生活。总有一种悲伤的感觉,或者是内疚的感觉,让我们沉湎于哀伤无法自拔。失去的痛苦是永恒的,它是灾难性的,没有任何东西能够弥补这一切。这种悲伤不会消退,而是反反复复,让人的思想也变得越来越极端和紧张。

爱情的悲伤永存

奥瑞莉和西蒙交往了三年,她对他们的爱情很有信心。当西蒙离开她时,她十分惊讶,她从未想过事情会变成这样，也不明白这样的事情为什么会发生在她身上。她开始寻思："他为什么离开我呢？一定是因为他觉得我太丑了、不够聪明、太笨了，我在他眼里什么都不是！我应该早点意识到我们之间的问题，我真的很没用！我永远找不到像他那样的男人了。"在与西蒙分手七个月后，这些想法在奥瑞莉的头脑里一次又一次地反复，让她心力交瘁。最后，她甚至对西蒙的回心转意不再抱希望，她开始与世隔绝，对周围的一切都失去了兴趣。

正如我们刚刚说过的，与这种悲伤相伴的，不仅有身体上的劳累与疲倦，还有对探索外部世界的动力、欲望、兴趣以及好奇心的丧失。

悲伤越强烈，上述的这些感觉也就越强烈。因此，当我们沉浸于悲伤时，我们几乎不想参加任何活动，要么是心甘情愿地听人差遣，要么做一些最无关紧要的事情（洗澡、做饭等等）。我们缩小自己的社交圈子，告别那些曾带给我们无限欢乐的活动。

当你不得不放弃做让自己开心的事情时，你的内心有什么感受？想象一下，几天之内，你不得不舍弃一切：有趣的活动、有趣的人，以及美好生活的方方面面……此时你的感受是怎么样的？

_____

_____

_____

_____

_____

　　通常来说，当生活中的乐趣因某些原因而减少（比如没时间、工作太累、生病等各种各样的原因）时，人们就会感到悲伤，甚至变得烦躁，那些原本不抑郁的人也会变得抑郁。

　　试想一下：对那些本来就悲痛欲绝、遭遇重大生活危机的人来说，本来五彩斑斓的生活忽然失去了色彩，他们会怎么样？

　　美好时光不再，他们的情绪开始慢慢跌入低谷：悲伤与愤怒成倍增长，疲倦把他们慢慢压垮，他们的想法只会变得更加消极。研究表明，当我们感到悲伤（生气或焦虑）时，我们的头脑也变得情绪化，我们会反复想起那些悲伤的过往。

　　拿奥瑞莉的例子来说，悲伤让她反复唤醒与男友分手的记忆，让她一遍又一遍地认为当时的她是多么无能和愚蠢。同样地，我们的大脑会倾向于强化一些固有的想法，比如我们对自己的看法。

　　如下图所示，奥瑞莉陷入了这样一个恶性循环：她的好奇心受到了阻碍。

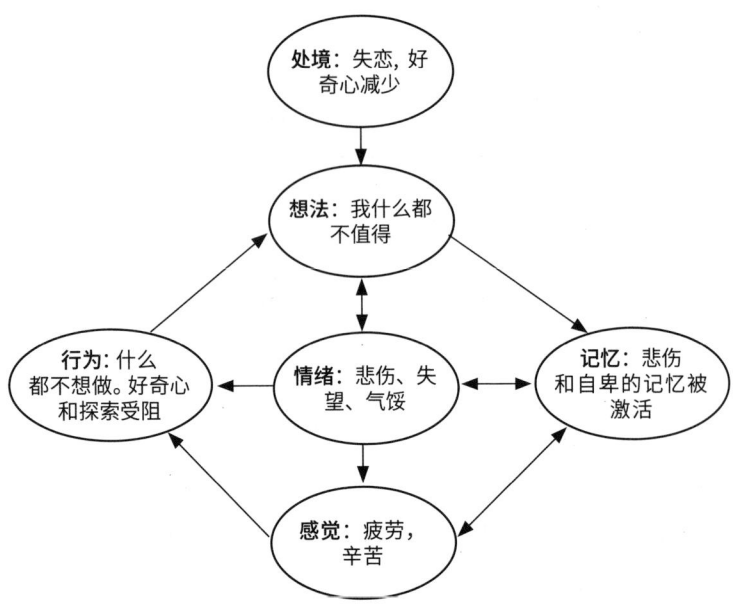

你是否也曾陷入"慢性悲伤"的"流沙"？

请回答以下问题，描绘你所处的恶性循环，并补充完成问题后面的示意图：

◆ 导致（或可能导致）痛苦的处境有哪些？丧失挚爱之人？人生发生重大变故？经历失败？或者其他原因？在"处境"框中写下你的答案！

◆ 你对这些处境有什么看法（或者有什么想说的）？试着将你的"内心对话"记录下来（就像你在和自己说话一样），然后将你的答案写入"想法"一框中。

◆ 这种处境下，你内心的情绪是怎样的？悲伤？焦虑？内疚？羞耻？愤怒？在"情绪"框中写下它们！

◆ 最后，你对这些处境做出了什么反应？（或者可能作出什么反应)？你是否会使用某种策略来改变这种处境？还是说，你会像奥瑞莉一样，慢慢变得自闭？在"行为"框中写下你的答案！

　　◆　另外，如果你发现自己觉得"疲劳和辛苦"，那就在"感觉"框中写下你的答案！

　　◆　如果这个示意图还无法完整地描述你所处的情况，你可以再根据自身情况添加补充，并用箭头将它们与其他要点连起来。

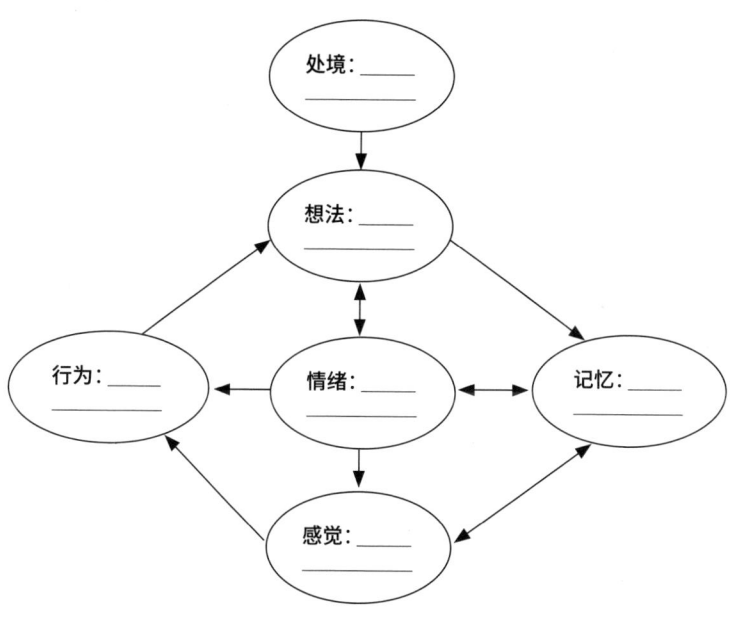

你的"流沙"示意图

我们刚刚描绘了一下曾经困住你（或正在困着你）的这个恶性循环，这一步很重要，它让我们更加了解自己所处的状态。但是，要如何摆脱那些紧紧缠绕我们不放、阻碍我们好奇心的"流沙"呢？我们需要借助好奇心这一美好品质来摆脱这种慢性悲伤的流沙，这一点我们会在本书第三部分进一步展开讨论。

好奇心？是的，即使在这一刻，它也没有苏醒过来，但总有一天会的，它现在只是打了个盹儿……我们可以唤醒它，让它重新焕发最初的生机！

扭曲的好奇心：那些不良嗜好与习惯的由来

前面我们都在不停地赞美好奇心，其实好奇心也会让父母发愁和担忧。虽然孩子的好奇心可能会演变成对禁忌事物的好奇心，从而将孩子置于危险之中，但好奇心的最初目标始终保持不变：促进人的成长。那么，我们的孩子在被禁忌事物吸引时所表现出来的这种好奇心又是如何促进他们成长的呢？

禁令之下的宝宝："我不服从，故我在！"

让我们感到绝望的是，宝宝很早就一直想做父母不让他做的那些事情。一岁左右的时候，宝宝的思考能力和运动能力慢慢发育，于是他就可以拿主意，决定要不要待在母亲身边。比如他可以自主地来回走动，探索周围环境。有了更大的自主性，他甚至可以远离"安全基地"，满足自己的好奇心，但这也将他暴露在危险之中：他这里看看，那里摸摸，或者是爬到某一件家具上面拿他喜欢的玩具……

当宝宝对周围环境感到好奇时，作为父母，我们要予以支持，对他的探索兴趣表示赞赏和认可，不断激发他的好奇心。

但当他把自己置于危险的境地时，那就是另外一回事了。父母这时通常会一把抓住孩子，保护他，不让他受伤，或者口头上说"不"。这样做是为了让宝宝知道他不能这么做，以后也不准这么做。

如果一切真的如此就太好了！事实上，我们越是斩钉截铁地对宝宝说"不"，他越是固执地要违抗"禁令"，而且还会从中获得更多的快感。这究竟是为什么呢？

在这个年龄段，宝宝渐渐意识到自己有别于母亲和其他任何人，意识到自己是一个"独一无二的人"。他之所以会因违抗"禁令"而感到快乐，一方面是因为他为获得新技能而感到自豪；另一方面，他对自己的想法及自己所追求的事物感到满足。对"禁令"产生好奇，对父母的"禁令"说"不"，对一切"禁令"说"不"……慢慢地，宝宝意识到自己和父母是不同的，他开始有自己的想法。

青少年和禁忌

"毛毛虫"变成"蝴蝶"

前面我们讲到一岁左右的宝宝如何通过探索来强化自主意识，认识自己与父母的"差异"。对青春期的孩子而言，情况也是类似的。

从生理上说，青少年的身体开始慢慢发育：男孩的力量变大，体力增强。在激素的刺激下，男孩女孩们不断探索外面的世界，与他人建立情感联结和亲密关系。从认知上说，他们开始拥有抽象思考的能力，逐渐形成自己的价值观。

和处于"成长实验期"的儿童一样，青少年的身体和心理都会有崭新的变化：他们的身体进一步发育，思维认知也全新升级，内心埋藏着无穷的潜力。

他们的目光和好奇心慢慢移向外部世界，他们与他人交往，建立情感联结，周围的环境成了他们的兴趣点。如果说母亲是孩子童年时期的依恋对象，那么青少年的依恋对象，或者说他的"安全基地"则是他的"小团体"。在心理学家鲍尔比看来，这就像是在组建家庭之前的一个"过渡性"选择，更确切地说，作为一个成年人，他的朋友就是他的"安全基地"。

对青少年来说，他们朋友间的小团体就是他们的新"家庭"，他们也经常这么称呼他们的小团体。

一个与众不同的家庭！

组建一个家庭，意味着家人之间互相认同彼此的价值观、行为、习俗、习惯和语言。而组建一个团体，意味着成员之间有着同样的爱好和经历。

青春期的孩子处于一个刚刚学会独立的阶段，他们渴求新的归属感，试图给自己重新定位，寻找新的"安全港湾"，满怀好奇地投身于新的探索中，期待邂逅与自己志同道合的冒险伙伴。

不过，也可能出现下面这种情况：这个团体开始逾越禁忌的底线，不经意间误入歧途，变成一帮乌合之众。比如，我们能想到的那些聚众吸毒或者聚众犯罪的团体。

青少年之所以聚众犯罪，是因为他们渴望获得团体归属感，找寻"安全基地"，让自己变得合群。乍一看，这和好奇心的确很像，是一种对禁忌事物的好奇心。他们积极参与小团体的行动，以求获得更多的团体归属感。为了能够留在团体里，守住自己的"安全基地"，青少年往往游走在法律的边缘，甚至做一些违法的事情。他们这样做，已经不再是单纯因为被禁忌事物吸引了。

挑战父母

儿童一旦获得了新的技能，就会在探索中慢慢远离母亲的视野，逐渐变得更加自主。类似地，青少年也会使用和测试他的新"工具"（发育完全的身体、全新升级的认知和视野），远离童年时期的已知世界，信心满满地要求告别父母，过上独立自主的生活。翅膀硬了之后，他们还想跟父母划清界限，建立自己的身份，形成与父母截然不同的价值观、爱好和习惯。这或许就是一种"反向建构"：他们执意要坚持的价值观和生活方式与他们的父母截然相反。

这对青少年的父母来说也确实构成了巨大的挑战。比如说，父母不希望孩子在某些地方闲混，反对孩子和某些人来往。可青少年会唱反调，奋不顾身地去做父母反对的事情，他们会更容易被那些被禁止的事物所吸引。他们这样做的目的在于：其一，满足自己的好奇心和对探索的渴望；其二，保持自己的个性，坚持自己的品味、喜好和价值观。

对青少年来说，挑战父母的"禁令"、"不走寻常路"、跟随好奇心的脚步、对禁忌事物充满好奇……这些都表明：他们在慢慢变得自主独立、与众不同。

如孩子经常挂在嘴边的那句"不"一样，"我就做我想做的事"同样是一句所有青少年的父母再熟悉不过的话。其实，反抗父母权威的欲望也增强了好奇心和禁忌事物的吸引力。我们发现，青少年口中"我就做我想做的事"，其实是"不"的另一个版本，年轻的他们开启人生的探索，渴望自主独立，期许变得与众不同。

"讨厌就是喜欢！"

意大利有句谚语："讨厌就是喜欢！"也就是说，有时候一些挑衅、对抗甚至蔑视的行为，其实隐藏一种截然相反的情感。这句谚语用来解释青少年与父母的关系再合适不过了！

青春期的孩子与父母的关系充斥着各种矛盾。为了能够走向独立自主，闯出属于自己的一片天，他们不得不和父母对着干，他们会当众拆大人的台，会跟父母唱反调，还会毫不留情地指出父母的错误。

尽管他们常常向父母"开战"，但他们依然需要确保父母陪在自己身边不离不弃。因为对他们来说，父母仍然是不可或缺的存在，他们需要感受到这种存在。他们对父母的诋毁、憎恨和言语上的攻击是为了让自己能够独立起来，与此同时，他们也担心与父母的关系由此变差，因为他们深知自己仍然离不开父母。因此，他们会通过一些行为来吸引父母的注意，"测试"自己的存在感和地位。这些行为主要包括：考试挂科、生病，甚至是……走上违法犯罪的道路。

这样一来，孩子对禁忌事物充满无限的兴趣，父母则渴望树立自己的权威。如果父母还能管得住孩子，这意味着他们宝刀未老，年轻有活力，说明孩子还是能够依赖父母。总的说来，如果父母有办法惩罚和教训孩子，他们应该也有能力保护孩子，必要时成为孩子强有力的"安全基地"。

禁令之下的成年人：借助禁忌事物来逃避"不速之客"

我们对禁忌事物的好奇心和兴趣可能从童年期一直持续到成年期，也可能要一直等到成年期才产生。如果好奇心变成了对禁忌事物的渴求，一切会变成什么样呢？

三个平凡人的小故事……

吕克是一家大企业的员工，他加班加点赶项目，老板却没有给他升职，因此他对老板愤恨有加。愤怒的情绪充斥着他的身体，他整个人仿佛都要气得沸腾了。晚上，他下班回到家，就开始背着妻子偷偷赌博。

玛丽是一位家庭主妇。此前她是一名售货员，她热爱自己的工作。她的第三个孩子出生后，她不得不舍弃职业，全职照顾家庭。一年前，由于厌倦了全职太太的生活，她开始上约会网站，还时不时和网站上认识的男人发生关系。

汤姆是一名项目经理，在过去的三个月里，他一直一丝不苟地工作。即便这样，他仍然经常感觉自己不够称职，并给自己不断施加压力。下班回到家后，他想逃避，"让一切停下来"，好好放松自己。于是他开始吸毒，和朋友聚会时吸，自己一个人时他也吸。

你觉得吕克、玛丽和汤姆有什么共同之处？

吕克对自己的上级充满了愤恨；玛丽感到厌倦，家庭主妇的生活过于平淡，她也不像从前那样光彩照人；汤姆觉得自己难以扛起肩上的责任，当他回到家时，他只觉得无比紧张和压抑。

吕克、玛丽和汤姆都有着各自的不安情绪：愤怒、无聊／悲伤和焦虑。对他们来说，这些情绪是"讨厌的不速之客"，他们恨不得以最快的速度把它们赶走。

吕克从未问过自己："上级不给我升职，这对我到底意味着什么？为什么这种愤怒一直在我心中翻腾？"

玛丽也忘了问问自己："我究竟是对婚姻的哪些方面感到不满意？我能做些什么来改善这种情况？"

同样地，汤姆也没有问过自己："工作上的事，我到底在害怕什么？是哪些恐惧让我无法平静地工作？这些恐惧会不会是我虚构出来的？"

吕克继续沉迷于赌博，不顾妻子的反对。他坚信自己总有一天会赌赢，到时他的下半生就不愁吃穿了。玛丽在婚外情中获得了积极的情绪，这种积极情绪是她的婚姻和家庭都无法带给她的。而汤姆早已习惯于借助毒品来忘记工作上的烦恼，找回他想要的平静和安宁。

吕克、玛丽和汤姆都试图通过这些行为来躲避让他们感到不快的情绪，哪怕就几个小时也好，他们的头脑里只想着逃避。

有些时候，对禁忌事物的兴趣表现为一种逃离的渴望，一种回避所有令人感到不适的情绪的渴望。这种行为至少可以让人暂时摆脱这些情绪。吕克、玛丽和汤姆找到了这种能帮助他们唤起积极和愉快情绪的"治疗方法",哪怕他们依赖的实际上是禁忌事物。

这种"治疗方法"让他们心中的愤怒、厌倦、悲伤和焦虑等各种情绪都得到缓和,甚至消失不见。然而,"不愉快的情绪"与"禁忌事物"之间是怎样建立起联结的呢?让我们再次回到吕克、玛丽和汤姆的故事中来。

起初,吕克、玛丽、汤姆产生的负面情绪与他们后来的一些行为(赌博、婚外情、毒品)之间并没有直接的关系,他们只是碰巧尝试了一些能够激起他们好奇心、给他们带来"积极预期"的"治疗方法"。但是,当他们发现这些方法的确能够帮助他们缓解负面情绪时,他们就开始慢慢依赖并习惯于借助这些方法来缓解愤怒、厌烦和焦虑情绪。负面情绪和行为之间的联结也由此形成:负面情绪一出现,他们就通过各种行为来赶走讨厌的负面情绪。正所谓,小酌一口,马上就贪杯上瘾了!心理学上我们将这称作"条件反射",它是我们将在本书第二部分中讨论的"高速公路"!

"感觉寻求者":追求那种"触电"的感觉

对有些人来说,一些不守规矩、逾越禁令的行为能够唤醒他们内心兴奋的积极情绪。相反,如果这个行为是符合规矩的,他们反而没有兴趣去做。

通常来讲，当我们做一些逾越禁令的事情时，我们或多或少会感到焦虑，身体像被忽然激活了一般，肾上腺素上升，神经系统控制着大脑在"战斗"或者"逃跑"之间做出选择。这时候，我们心跳加快、双手出汗、肌肉紧张、呼吸加速……可以说是一次真正的"触电"！

有些人不喜欢这种强烈的身体反应，他们觉得这种反应具有威胁性，容易让他们失去对自我的控制；因此，当遇到上述这种情况时，他们总是极力避免，觉得这比下地狱还要痛苦和煎熬。

相反，另一些人喜欢这种被激活的感觉，包括一些身体上的激活反应也让他们感到愉悦。他们时常让自己的身体被激活，给自己的生活带来兴奋感。他们就是我们所说的"感觉寻求者"（sensation seekers），他们往往会以各种方式寻求刺激：挑战极限运动，让自己处于刺激的险境；沉迷于毒品，甚至违法乱纪。

刚刚，我们把这种强烈的兴奋感觉比作"触电"，对这些"感觉寻求者"来说，这种触电的感觉是他们的"灵丹妙药"，让他们感觉到自己还活着、如获新生。

他们有时会感到内心的"空虚"，感觉自己缺失了些什么（某份情感或是某个人）。他们在强烈的感觉中寻求填补这种空虚的方法，希望赶走抑郁，或者至少让他们的意识暂时不受到这种抑郁情绪的侵扰。

这恰好是奥斯卡·王尔德（Oscar Wilde）[1]在他的作品中想要表达的。此外，认知行为疗法之父阿尔伯特·艾利斯（Albert Ellis）[2]还提出一个概念，叫作"低挫折忍受力"，它解释了人们为什么会频频逾越禁令。那么，到底什么是"低挫折忍受力"？

想象一下，在你面前放着一块巧克力蛋糕（或者其他你爱吃的食物），你忍不住要立刻一口把它吃掉，但是你的妻子（或者丈夫）不让你吃，必须等到客人来齐了才能吃。如果客人来了，你恰好出门了，那就只能算你倒霉，你就完全吃不到了！

你因为不能马上吃到蛋糕而感到沮丧，你不得不将这种欲望不断延后，或许到最后你就慢慢放弃了。

有些人挫折忍受力高，有些人则相对更低。这意味着，他们需要努力延迟满足自己的欲望（或者不得不完全放弃自己的欲望）。延迟满足或者放弃满足，对儿童来说非常困难，特别是对幼童来说：他们可能招架不住巧克力蛋糕的诱惑，如果你不让他们立即吃到蛋糕，他们就会大声尖叫。通常来说，伴随着年龄的增长，我们的挫折忍受力也不断增强。成年人一般都能

1　奥斯卡·王尔德（Oscar Wilde，1854年10月16日—1900年11月30日），英国著名文豪，与萧伯纳齐名的英国才子，身兼诗人、小说家、散文家、童话作家等，他的戏剧、诗作、小说留给后人许多惯用语，如"活得快乐，就是最好的报复"。

2　阿尔伯特·艾利斯（Albert Ellis，1913年9月27日－2007年7月24日），美国临床心理学家，理性情感行为疗法之父、认知行为疗法的鼻祖。他创建了理性情绪疗法（rational emotive therapy）。有人把认知疗法和行为疗法结合起来，为了和这种结合相一致，艾利斯把自己的疗法称为理性情绪行为疗法（rational emotive behavior therapy）。

够延迟对欲望的满足，把欲望藏在心里，反复思索，权衡后果，一番心理活动过后，才会有所行动。

乔治正在上班，他看向窗外，真是个阳光明媚的好天气。他多么想立刻冲出门去，到露天阳台上和朋友一起聊天；但是很快他又想到：他必须先把工作做完。他清楚地明白，如果他不能及时完成工作的话，他就不能赶在太阳下山之前下班。

但对一部分成年人来说，忍受挫折是一件很困难的事情，他们"必须"即刻满足内心的欲望或冲动。他们对挫折的忍受力极低，他们只寻求快感，而不考虑后果。

安吉接到一位朋友的电话，电话里朋友说他正好有两张流行说唱音乐会的门票，邀请他一起去。真是天大的诱惑！他立马就答应了，并且安慰自己可以明天再找时间复习，即使离考试已经没剩多少时间了，他也还没复习得很好，可是……诱惑太多了！或者说，他的挫折忍受能力太低了！

有时，为了满足内心的欲望或冲动，人们甚至可能会走上违法犯罪的道路，比如偷窃（对物品的占有会让他们拥有一种"即时性的快感"），又比如袭击他人，甚至是强奸。

人们之所以对"禁物"充满兴趣，是因为他们难以平衡内心的欲望，没有认识到贪图一时之快招致的后果会有多么严重，因此要抵抗住这些欲望的诱惑就更是难上加难！我无意在这里讨论心理变态，它们的行为模式与这里所讲的是有区别的。

对那些难以抗拒内心欲望与冲动的人来说，他们的"超我"[1]
比较弱（我们每个人都是自己的"审查员"），而"本我"比较
强（即先天的本能及欲望的所在之处）。

我们又将这类人称作"不成熟的人"，这样的人往往表现出
难以延迟满足，不会权衡后果，无法控制内心欲望，等等。这些
症状通常为儿童所特有，并可能随着年龄的增长而不断演变。

探索"好奇心的力量"旅行的第一阶段已经告一段落。在
继续上路之前，让我们对第一阶段的内容作一个小结，以便我
们全副武装，开启第二站的旅行！

第一部分小结

好奇心是一种天生的品质，从呱呱坠地开始，我们就
开始与周围世界互动，训练这一与生俱来的"天赋"。

◆ 与父母的关系，尤其是与母亲的关系，是影响好奇
心的重要因素。孩子会形成一种对母亲的依恋关系，创建
起对自己、他人和世界的表征（详见依恋关系的"使用说
明书"）。他们会变得更加开朗，对周围环境更加好奇。

◆ 此外，环境在好奇心的发展中也起着非常重要的作
用。在孩子的探索过程中，环境激发了积极情绪，唤醒并

1　超我，精神分析理论用语，指良心和道德，代表了一定社会文化的行为规
范和准则，人格结构中最为道德的部分。

强化了孩子的好奇心。

◆ 对成人来说，好奇心的良性发展循环可能受到一些因素的阻碍，主要有："选择性概括""（过度）消极预期"以及"慢性悲伤"。这三个因素阻碍了我们与他人的交流以及对世界的探索。

◆ 有时，好奇心也可能变成对禁忌事物的兴趣。对儿童来说，我行我素，做父母明令禁止的事情，是他们追求自我和标新立异的一种方式；对青少年来说，逾越禁令可以让他们在团体中获得归属感，这和儿童想要获取独立感一样。又或者，他们这样做只是为了引起父母的反应，确保父母这个"安全基地"的存在；在成年期，对禁忌事物的兴趣表现为通过寻求惊险刺激的感觉来赶走不愉快的情绪，让自己感觉还"活着"。他们之所以这么做，也可能是因为他们很难管控好自己的欲望、权衡后果。

轻松一刻

1. 一位医生救死扶伤无数，但没有一个人感谢他。为什么呢？

2. 一位伐木工有七个女儿，每个女孩都有一个兄弟。他有几个孩子？

3. 我有五根手指，但我没有一根骨头，猜猜我是什么？

4. 前天，凯瑟琳 17 岁，明年她就 20 岁了，为什么？

5. 一个桶里面有三条鱼，一条鱼死了，还剩几条鱼？

6. 我口袋里有东西，但我的口袋是空的，为什么？

7. 坐着、睡觉和刷牙需要什么？

8. 我站着，他就躺着；我躺着，他就站着。他是谁？

9. 什么东西属于你，但为别人所用？

10. 我越热就越新鲜。我是谁？

答案

1. 因为他是一名兽医，动物不会说话。

2. 他有八个孩子，因为每个女孩只有一个兄弟，所以他有七个女儿和一个儿子。

3. 我是一只手套。

4. 昨天是她生日（12 月 31 日），她刚满 18 岁。今年，她 19 岁；明年，她 20 岁。

5. 仍然是三条！因为即使鱼死了还是会留在桶里。

6. 我的口袋破了一个洞。

7. 一把椅子、一张床和一把牙刷。

8. 脚。

9. 你的名字。

10. 面包。

第二部分

为什么好奇心能治好成人的懒惰、焦虑和拖延？

好奇心独有的特质，能让成年人走出负面舒适区，打破思维惯性，重启我们"体内的发动机"，从而摆脱懒惰、焦虑和拖延的习惯。

好奇心："勾引"你的探索欲，让人不再懒惰

山鲁佐德的故事刚要讲到精彩之处，天就亮了，她告诉国王今天她的故事就讲到这里。"啊！亲爱的姐姐！"敦娅佐德说，"没听你讲完这个故事，我心里怪不舒坦的！如果你今天就死了，我会感到不安的。"山鲁佐德回答道："我的妹妹，这个故事国王会有兴趣听下去的。"果然，国王山鲁亚尔并没有下令处死山鲁佐德和他的妹妹敦娅佐德，而是在第二天晚上早早地就开始等候故事的继续，因为他想听完希腊国王的故事结尾，想知道渔夫最后怎么样了，天才的结局又是怎么样的。

——《一千零一夜》，佚名

在日常生活中，我们经常会因为"未知"而感到沮丧。假设，一个朋友给你打电话，跟你说她有一个超级大八卦要跟你讲。她恨不得立刻告诉你，但是她又在上班，没法跟你在电话上一直聊，所以要等到下午跟你见面时才能跟你说。

这时，你的感觉是怎么样的？有时候，"未知"是一种极

度的煎熬。

多少次，我们一遍遍对自己说："来吧，请把它告诉我……！"我们总会强迫自己去弄清未知的事物，好像非这么做不可。我们以斯芬克司给俄狄浦斯出的著名谜题为例：

> 什么东西早晨用四条腿走路，
>
> 中午用两条腿走路，
>
> 晚上用三条腿走路？

如果这个问题让你萌生了兴趣，你的大脑就会开始搜索，搜索，搜索……在你的好奇心被激发的这一刻，你是否感觉心头痒痒的？

让我们再来看看斯坦福谜语，这个谜语经常被斯坦福大学用来给学生做思维测试。

斯坦福的谜语

1. 它比上帝还伟大，

2. 比魔鬼还邪恶，

3. 穷人可以拥有它，

4. 富人也需要它，

5. 如果你把它吃了，你就死了。

谜底：没有！没有什么比上帝还伟大，没有什么比魔鬼更邪恶，穷人什么都没有，富人什么都不缺，如果我们什么都不吃我们就会死！就是这样，你说对答案了吗？是不是立刻如释重负？

当我们心中有了一个答案，我们就会觉得立刻松了一口气：如果发现我们的答案是错的，我们会倍感失望；如果我们答对了，我们又会无比喜悦，体验到探索的乐趣。

希腊语中"尤里卡"[1]的意思是"我找到了"，这句话传达的是激涌而出的喜悦之情，同时夹杂着自豪感。然而，是什么激励我们去探索？好奇心的动力是什么？

好奇心：让幸福感不断飙升，使人充满活力

山鲁佐德又在故事的精彩之处停了下来，因为她看到天已破晓。"我的姐姐，"敦娅佐德说道，"这个故事真是太令人着

---

1. 尤里卡（希腊语：ευρηκα；拉丁化：Eureka；词义："我找到了"）是一个源自希腊用以表达发现某件事物、真相时的感叹词。古希腊学者阿基米德有一次在洗澡的时候发现，当他坐进浴盆里时有许多水溢出来，这使得他想到：溢出来的水的体积正好应该等于他身体的体积，这意味着，不规则物体的体积可以精确地被计算，这为他解决了一个棘手的问题。阿基米德想到这里，不禁高兴地从浴盆跳了出来，光着身体在城里边跑边喊叫着"尤里卡！尤里卡！"，试图与城里的民众分享他的喜悦。后来，阿基米德将他的这个发现总结为浮力理论记载在《浮体论》中，同时它也为流体静力学建立了基础的原理。

迷了，太吸引人了。"如果国王今天不杀我，"山鲁佐德说，"明天我将给你们讲更有意思的故事。"国王山鲁亚尔很想知道那个骑着母鹿的老人的孩子最后怎么样了，便说道："我愿意明晚继续听你讲完故事的结局。"

——《一千零一夜》，佚名

　　《一千零一夜》中美丽的山鲁佐德是如何成功让国王山鲁亚尔一次又一次饶她不死的呢？因为她给国王讲故事？没这么简单。关键在于她总是在故事最吸引人的地方戛然而止，让听得入神的国王觉得后面的故事会更加精彩。

　　为了保持积极情绪，寻找生活的愉悦感，大多数人会去锻炼身体，或者时常去亲戚朋友家串门，而有些人则通过实现某个职业目标来获得他人的认可，从而获取快乐；而对另一些人来说，物质和财富才是快乐的源泉；还有的人则通过丰富人生经历来愉悦自我，比如旅行、逛展览、听讲座、看电影以及其他各种充实自我的活动。

　　"幸福"的定义因人而异，因不同处境和不同生命阶段而异。曾在儿童期和青春期让我们感到幸福的事物，在我们长大成人后未必能让我们获得同样的幸福感；当我们谈恋爱时，或者有孩子时，"幸福"的含义也会一一发生改变……

　　你在什么时候觉得最幸福呢？对你来说，幸福的关键因素有哪些呢？

积极情绪，你在哪里？

爱丽丝：能否请您告诉我，我应该走哪一条路？

柴郡猫：那要看您想到哪儿去。

爱丽丝：我不知道。

柴郡猫：那么您走哪条路都行。

——《爱丽丝梦游仙境》，刘易斯·卡罗尔

如果我们都不知道自己想去哪里，那我们怎么知道该走哪个方向以及我们是否会到达目的地呢？我们应该如何激发好奇心，探索生命中有意义的东西呢？

暂时忘记你所经历的困难，描述出你理想中的生活是怎么样的。不要写别人希望你拥有的东西，而是写下你自己真正想要的东西。

◆ 在让自己开心的前提下，你希望有什么样的家庭关系和人际关系？

_____

_____

_____

_____

_____

◆ 在让自己开心的前提下，你希望与朋友之间的关系是什么样的?

_____

_____

_____

_____

_____

◆　在让自己开心的前提下,你希望从事什么样的工作?你闲下来的时候又想做什么? (上课、培训、休闲、社交、灵修……)

_____

_____

_____

_____

_____

◆　你希望自己有个什么样的身体状态?

_____

_____

_____

_____

_____

现在，我们根据优先级进行分类：

1. _____

_____

2. _____

_____

3. _____

_____

4. _____

_____

5. _____

_____

◆ 你最先想要改善你的家庭关系、恋爱关系还是友谊？埃米莉和克莱芒与你有着类似的想法！（见 125 页）

◆ 你最先想要改变工作环境，提高业余生活质量？桑德琳娜和安娜有话要对你说（见 83、95 页）

◆ 你最先想要让自己有健康的身体？莱昂内尔也曾经写下跟你类似的答案，由于好奇心，他的生活发生了翻天覆地的变化。（见 117 页）

◆ 总有一种悲伤和抑郁的情绪阻碍着你真正地享受生活吗？桑德琳娜已经摆脱了这个困境，她还给你提出了一些建议！（见 213 页）！

◆ 莫名的担心和惧怕禁锢了你的生活，于是你觉得自己有心理障碍？安娜也曾经这样！继续往下读，你们马上就要相遇了！

"要是我在那儿就好了！"

好奇心就像是一粒"小种子"，它由某个人或某件事植入我们心里，它鼓励我们跳出现有的生活圈，让我们慢慢对"幸福"与"更幸福"有了概念，开始追求幸福。

我们的好奇心被某个人或某件事激起。我们感觉这次旅行、这部电影、这个人有一种难以言喻的吸引力。我们感觉去"那儿"会很开心：这个想象中的"那儿"可以是一个人、一个地方、一部电影或一个展览……当我们变得好奇时，我们就开始期待，开始产生"积极预期"！

我们总会在头脑里想象未来的自己会处在怎样的场景。我们会想象自己在看电影，或是身处海边，而这片海又流动在一张海报之上……或者，我们还会想象自己和喜欢的人聊着天，甚至还手拉着手、步入婚礼的殿堂！

不管是哪个活动、哪个处境还是哪个人激起了我们的好奇心，我们的想法都会不由自主地悄悄产生："要是我在那儿就好了！"或者，我们会稍微克制自己的想法："或许在那儿，我会觉得很开心吧！"

我们能感受到从内心迸发而出的积极情绪，哪怕只是我们想象自己在旅行、坐在电影院里，或者和一见钟情的陌生人共处。

我们的身体对这些预期和积极情绪会做出反应，会有成千上万种不同的感受：肚子感觉冒小气泡，心跳加速，双手出汗，一种兴奋的感觉弥漫全身……那么，我们的身体又是如何回应好奇心带来的"积极预期"的呢？

充满希望的土地！

好奇心的一个优点是让我们走出常规，引领我们去接触"未知"或"鲜为人知"的事物。它懂得巧妙利用我们的"积极预期"，以及我们心中或强或弱的"触电"的感觉。

我们不如把好奇心想象成一位向导，它拉着我们的手，带我们探索我们内心希望的土地。因为好奇心，我们才能意识到曾经的每一个行为都让我们活得更加充实；因为好奇心，我们才能感受幸福，才能感觉到自己比以前更加幸福。比如说，看完一部非常喜欢的电影，我们的大脑会开始不断思考询问：我们对时事有了新的看法和己见，或是感觉自己被带到一个梦寐以求的理想境地之中；再比如，交了新朋友让我们更加感受到这世界给予我们的温情，我们树立了新的生活目标……一个有待我们探索的全新世界正在等着我们！

"掌控"的乐趣！好奇心对科学与进步的贡献

如果把一个物品的生产过程看作一条长长的链条，现在供我们使用的物品只不过是这条链条上的最后一节。它经历了技术上的飞跃，不断走向尖端。但是，这条长链条的第一节是什么？最开始的时候，有一个人在危机四伏的环境中不断挣扎，他必须更好地熟悉和适应这个环境，争取生存的一切机会。

因此，这个原始人形成了一种"强烈"的好奇心：这种对周围环境的好奇心，使他有机会改变周围环境，让环境听命于人。他极度渴望掌握一切知识，无法忍受自己被环境控制，他的生存和幸福会因此受到一定的威胁。

这个人对知识的渴望和好奇心影响了未来的走向，给时代留下了印记。通常，当人类发现无法凭借既有的知识和阅历来准确预测未来，他们就开始相信神灵给的"暗号"：古罗马时代，人们通过鸟类的飞行方向来预测未来；古希腊时代，人们纷纷相信预言家的预测……

数千年后的今天，人类不仅希望能够更长寿、更健康，同时也希望尽可能地掌控自己的现在和未来。为此，人类需要更好地掌控自己所处的环境，需要进一步了解自己的局限和潜力。

然而我们的祖先发现，为了"控制"周围环境，光靠观察它是不够的，还必须利用大自然的规律，寻找解决方案来应对大自然的挑战，这需要不断进行试验：也许如果我……我就可以……早在远古时代，人类就像科学家一样，观察，实验，验证假设。随着时间的推移，科学方法日臻完善，科学家所运用的技术和工具也不断飞跃发展，但这种内在的精神始终保持不变。

慢慢地，人类天生的好奇心也会与基本的生存利益和经济利益联结起来。在医学和科技的任何进步中，我们都能找到一个基本要素：好奇心。它是对探索的热情，对新发现的喜悦，它诞生于我们的童年时期，诞生于我们在幼时的每一次小实验。

其实，这些充满好奇心的孩子就是"小小研究员"，而能够保持孩子的这种好奇精神，对危机四伏却又蕴含潜力、遍布惊喜的现实世界充满好奇的大人就是真正的"研究员"。

走向你自己！

说起"好奇心"时，你会想到什么？

也许你立刻想起了丛林里的探险家；又或者是正在看某本喜欢的小说，特别渴望知道结局的你自己；再或者是你那正在玩玩具的孩子……

在我们刚刚的设想中，"好奇心"往往意味着"走向别处"。它就像是我们与他人和整个世界之间的桥梁。事实上，正如我们所看到的，好奇心扮演着不可或缺的角色，它将我们与外界（他人以及我们所处的现实世界）联结起来。想象一下，如果没了好奇心，你的生活将会变成什么样子？我们都会成为"孤独的熊"，总是重复同样的生活！

然而，我们很少意识到，好奇心其实也将我们与自己更加紧密地联结起来。

对自己好奇？是的，对我们身体上和心理上的感觉的好奇，对我们内心的想法的好奇。多少文人学者写下海量著作，只为试图揭秘人类的千百张面孔。为什么我们没想过要给自己多一点关注呢？人类才是所有谜题中最复杂却又最有趣的！

为什么不能从花在他人身上的时间里腾出几分钟留给自己呢？有时候，我们被卷入忙碌的生活旋涡之中，却没有付出一点点精力来关注自己。

有时候，即使我们感觉到某些东西在我们内心"沸腾"（悲伤、愤怒或怨恨？身体或精神上的痛苦？），我们也会故意转移注意力，避免受到负面情绪或消极感受的影响……我们采取的是心理学家所说的"回避策略"。

三分钟的好奇心

你有没有试过，在一天之中的某个时刻，抽出几分钟，放下手中正在做的事情，静下来，慢慢地感受一下自我？

从来没试过？你可以在接下来的三分钟里体验一下！

如果可以的话，闭上你的眼睛，或者将你的目光聚焦在前方某个固定的点上。把注意力放在你的一呼一吸和周

围气息的流动上面。现在,假想自己充满了好奇,对这个无人知晓的神秘国家敞开心扉……问问自己:

· 我现在的身体感觉如何?有没有觉得不舒服?很紧张?身体有刺痛感?全身发热或发冷?感觉身体很沉重还是很轻盈?还有其他的感觉吗?

· 我内心的情绪是什么?我感到快乐、悲伤还是恐惧?神经紧张还是火冒三丈?觉得惊奇?有一种内疚感或羞耻感?还是厌恶感?

· 有没有什么想法一直盘旋在你的心头?

坚持一会儿,继续观察自己身上的每个细节:你的感觉、情绪和想法。

然后将注意力转移到你的呼吸上,你能轻易感觉到它的存在:它在你的鼻孔处、胸部附近,又转移到了腹部。就这样,和你的呼吸静静地待一会儿:你不用赶着去哪儿,也没什么事急着要做,就一直感受自己的呼吸。如果你觉得不太对劲,可以睁开眼睛,慢慢地再来一遍。

在这个简短的体验中,你可能已经感受到在其他情况下可能会被完全忽视的感觉、情绪和想法,例如来自背部或肩部的压力、神经紧张感或是满足感;或者你会想:"我真是在浪费时间,什么感觉都没有!"

刚才你问自己的那些问题或许又引发了另一个问题:

"问这个问题有什么用？为什么我不能继续回避那些让我伤心难过的事情，关注那些让我开心的事情就好？"

如果你也是这么想的，你可以好好读读本书后面的莱昂内尔的故事。

好奇心出问题了……救命

当好奇心受到限制时，我们的生活就仿佛缺少了些什么：生活受到禁锢，我们对一切都失去兴趣、失去动力……我们总感觉自己一直在重复同样的事情，无聊透顶……

我们怎么会变成这样的？完成下面这个小测试，看看你的好奇心是否出了问题，如果是，请找出阻碍好奇心机制的原因……

你是否符合该描述？	完全不符合	不符合	符合	非常符合
1. 一天之中，我总是腾不出时间给自己。	❑	❑	❑	❑
2. 当我有负面情绪（悲伤、愤怒……）时，我会努力想别的事情，转移自己的注意力，否则，我感觉这些负面情绪仿佛要将我吞噬。	❑	❑	❑	❑

你是否符合该描述？	完全不符合	不符合	符合	非常符合
3. 我经常感觉很焦虑，喜欢由自己来把控局面。	❑	❑	❑	❑
4. 我没有任何喜欢或感兴趣的事物，我感觉自己像个"空心人"。	❑	❑	❑	❑
5. 我会优先考虑别人对我的需求。	❑	❑	❑	❑
6. 别人常跟我说我很固执，总是很难改变自己的想法。	❑	❑	❑	❑
7. 我对自己和他人的看法常常是负面的，我觉得自己的未来是没有希望的。	❑	❑	❑	❑
8. 我时常会情绪爆发，以及／或者我经常感觉到身体疼痛（背部疼痛、头痛、胃痛……）	❑	❑	❑	❑
9. 我不喜欢变化,我喜欢一切照旧。	❑	❑	❑	❑
10. 当我与他人发生摩擦或冲突时，我很难与人妥协，事情只会越变越糟。	❑	❑	❑	❑

公布结果

你觉得上述哪些描述与你最相符？你是不是在"符合"和"非常符合"方框中打勾了？

◆ **描述 1 和 / 或 5（过度劳累）**

你对自己要求太高了。或许是受你的某些人生经历所影响，你总是将自尊与表现联系起来（无论是在工作中，还是在家庭中）。你对自己说："只有当我工作出色，当我是一个好爸爸 / 好妈妈的时候，我才是一个好人，我才值得被爱。"因此，你竭尽全力让自己的工作更加完美，或者让你的亲友对你为他们所做的事情感到高兴。然而，由于你总是优先考虑他人的感受，总是为了获得爱与认可，你忘了给自己留下一点生活空间，去满足你自己的欲望和需求！你忘记了最重要的人……那就是你自己！如果你连喘口气的时间都没有，你怎么会有好奇心？桑德琳娜也曾在她生命中的某一段时间有过这样的经历，后来，她……你将在下文中读到她的故事！

◆ **描述 2 和 / 或 8（害怕疼痛）**

负面情绪？对你而言是不存在的：你希望能够平安喜乐地生活，没有焦虑、没有愤怒、没有悲伤……不幸的是，我们在平凡的一生中总会遇到这些负面情绪。当你感觉它们要出现时，你会绕道而行：为了回避它们，你会转移注意力，去想别的事情。当你认为你已经甩开它们的时候，它们可能又重新出现，从某个地方忽然又跳出来，比原来更可怕、更吓人！它们不会气馁，它们会一直试图引起你的注意：它们大喊大叫，吓唬你；又或者，它们采取迂回战术，利用你的身体感受来影响你，你会开始感觉背部疼痛、腹部不适、头疼，感到弥散性的全身疼痛。那么，怎样才能"驯服"这些情绪，从而让它们不再大喊大叫或者占据我们的身体呢？请你接着往下读，本书后文中莱昂内尔的故事将会给你答案！

◆ 描述 3 和 / 或 7（消极预期）

生活中的你不喜欢即兴演出，你喜欢自己掌握剧本，将现在和未来掌控在自己手中。在采取行动之前，你会仔细权衡一切潜在的风险，只有当你觉得一切准备就绪时，你才会有所行动。生活中的变化会给你带来压力，因为它们破坏了原有的平衡，让你对潜在的风险愈加保持警觉。

你会思考自己的现在和将来，但你总是抱着消极的预期，你常常在头脑里想象一些"灾难性场景"，你会问自己："我能否胜任现在的一切？""我能否让别人对我产生好感？"同时，你的内心充满恐惧："我肯定无法胜任。""别人对我没有好感。"当你这样想的时候，你已经很难重新打开自己的内心了。你这种情况让我想起了安娜，我马上就在下文中给你讲她的故事……

◆ 描述 4 和 / 或 9（慢性悲伤）

也许你最近刚遭受某方面的丧失（失恋、失业、降职、经济变故、搬家等）。也许这些悲伤和空虚的感觉在一点一滴地积累，你甚至没有察觉到，直到某一刻它们突然"爆发"，占据了你的注意力，仿佛要吞噬了你一般。你的身体可能已经感受到它们的存在，开始觉得不舒服。

不管怎样，现在你的心理和／或身体都在受煎熬。当我们感觉痛苦的时候，我们很难再找到摆脱痛苦的动力，甚至很难去从事以前喜欢的活动或者探索新的事物。桑德琳娜的好奇心被卡住了……但走出这个困境也是可能的！待会儿让她来谈谈自己的经历吧！

◆ 描述 6 和 10（心理缺陷理论）

你的家人或同事告诉你，和你沟通不是件容易的事情。因为你总是不明白对方为什么会这么说，或者说你不会轻易向别人的看法妥协，所以你们的沟通很容易陷入困境，甚至升级成冲突，双方互不相让，死守自己的立场。

这些冲突使我们感到痛苦、愤怒，以及与之相伴的悲伤和不被理解的感觉。的确，别人也可能难以理解我们、理解我们的观点，但我们是否真的也在尽力了解对方的观点呢？因为彼此无法沟通，埃米莉和克莱芒差一点就断绝来往了。他们缺乏对彼此的理解，所以都把自己封锁在自己的世界里面。但是……他俩的例子将给我们改善人际关系提供一些启示！

接下来我们将讲述一些人的经历，他们的年龄、背景和生活环境各异，却有一些共同之处：他们最终都改变了对自己、对亲人和对生活的态度……而这些改变都是因为好奇心！

桑德琳娜的故事

> 长期以来，我总有一种感觉，以为人生——真正的人生即将开始。但是，每一次又总会遇到这样那样的障碍，那些未完成的事情、必须打通的关节、需要付出的时间，以及需要偿还的债务等。似乎只有完成了这些，人生才会真正开始。最后，我终于明白，正是那些障碍，构成了我的人生。
>
> ——阿尔佛雷德·扎西

桑德琳娜今年 40 岁，已婚，育有两个孩子。获得艺术史的硕士文凭后不久，她就遇到了后来的丈夫亚历山大，并很快怀上了他们的第一个孩子路易斯。桑德琳娜本来打算继续深造读博士，但她最后决定放弃梦想，选择了家庭。她在一家大公司找了一份秘书的工作，但才过三年她就辞职了。刚开始的时候，这份机械性的工作让她觉得烦心，她很难适应这种工作模式。桑德琳娜换了很多家公司，却始终没有勇气摆脱秘书这个职业，没有勇气去做与她的兴趣和个性更相关的工作。

她的职业与真实兴趣之间的这种差异，有时让她会产生一种挥之不去的强烈的悲伤，这是一种从心底一涌而出的感觉，十分突然。

日子一天天过去，桑德琳娜依然继续她的工作，她在同一家公司工作已经快有十个年头了。当她终究还是觉得遗憾时，她就会安慰自己：她的家庭值得她做出一些牺牲，至少让她有起码的经济保障。她拼命工作，上司也都看在眼里，所以即使在公司遭遇危机时，她也勉强能够保住自己的饭碗。

但最后那一天还是来了，在人力资源办公室里，"经济性裁员"一词就像一块重重的石头一样砸在她身上——她被炒鱿鱼了！她恨老板，恨老板做出的这个毫无分寸的决定；她恨公司，恨公司完全不顾这么多年来她工作多么努力，现在只想把她踢出局；她也恨自己，恨自己放弃了自己最真实的愿望……最后却落得一场空！想到这里，桑德琳娜的内心充满了悲伤和内疚，她无比怀念那段还可以自由选择人生的岁月，她多么想回到那个时候："我应该追随自己的内心，我真的太蠢了，我亲手毁了自己的一生！我真是没用，我真是活该！还有，他们把我辞退，说明他们不喜欢我，说明我不够好，说明我的工作做得还不够好！"回到家后，桑德琳娜仍然忍不住一直胡思乱想，她感觉越来越糟，她不断贬低自己，变得越来越自闭：她的家人试图带她出去散心，她就谎称自己累了，需要多休息；当家人执意坚持时，原本还沉浸在悲伤和内疚之中的她就会变得烦躁不安，但与家人的关系弄僵了之后，她又觉得无比内疚。即使是之前让她无比着迷的艺术史讲座也很难再激起她的兴趣，甚至会让她觉得十分煎熬，因为这仿佛就在时刻提醒她"是她亲手毁了自己的人生"，她愈想就愈发感到绝望。最后，桑德琳娜决定彻底放弃这项活动，她的好奇心已经消失得无影无踪了。

忽然有一天……请前往本书的第三部分，213页，如果你觉得好奇的话，就往下读！

好奇心与意外事件

人的一生中，我们总是会面临各种各样的意外事件，它们会打乱我们的人生节奏，甚至改变我们的人生轨迹。

这些意外事件有时会让我们陷入危机之中。"危机"这个词来源于希腊语 krisis，意为"突破"：这些意外事件打破了我们努力维持的生活平衡。有时为了维持这种平衡，我们需要付出很多努力，做出很大牺牲，比如桑德琳娜的例子。我们一旦失去了我们长期以来对自我的定位，往往就很难立刻找到新的定位。桑德琳娜极其依赖这份工作带给她的安定，为了这份安定，她放弃了自己的梦想，而她付出的所有努力让她麻痹自己，以为自己可以永远保住饭碗。结果是：她从云端掉落，一切美好的设想都崩塌了。当老板向她宣布这个坏消息时，她感到迷茫，无比的迷茫。她看不清前方的路，感到焦虑和担忧，这也是可以理解的。她通过自我责备和自我贬低来应对失败的经历，走向自闭，开始对她以前感兴趣的东西感到厌烦，哪怕是她曾经爱到痴迷的艺术史。

幸运的是，被炒鱿鱼这样的事不会天天都发生，现实生活里也不会有那么多的惊骇大浪。在日常生活中，我们更常遇到的是"小危机"，大大小小的意外事件，我们会发现现实与我们想象、希望、期待的截然不同：升职加薪总是轮不上自己，约会时朋友迟到，旅行提前开始或忽然被取消，一直等却等不到的公共汽车，在平时畅通无阻的大道上遇到堵车……

我们的人生会经历各种大大小小的颠簸，它在我们心中掀起波澜，有时持续很久，有时转眼即逝。有些颠簸我们可以避免，但有些我们还没有遇到，也无法避免。我们能做的就是下次多加小心。

1934 年，美国著名神学家莱茵霍尔德·尼布尔[1] 写下了这首诗：

《宁静的祈祷》

上帝，请赐予我平静，

去接受我无法改变的；

赐予我勇气，

去改变我能改变的；

并赐予我智慧，

分辨这两者的不同。

我们该如何区分"我能改变的"以及"我无法改变的"？有时，这种差异是很明显的：比如遇到堵车，我们就什么都做不了，而且只会觉得心烦意乱！

---

1 莱茵霍尔德·尼布尔（Reinhold Niebuhr, 1892—1971）。美国基督教新教神学家，耶鲁大学神学、文科硕士。尼布尔早期持自由主义神学观点，后期则加以抨击，并成为美国新正统神学的主要代表。著有《道德的个人和不道德的社会》，《人的本性和命运》等。

但在有些时候又恰恰相反，我们可以设立某个目标，然后朝着这个目标努力改变现状：比如，为了获得晋升，我们会竭尽全力完成上司交代的任务。虽然并不是说我们这样做了就一定能升职，但至少我们会觉得未来掌握在自己手中，我们可以通过自己的努力来创造未来。

我们对未来的掌控程度大概从 0 到 80%，甚至有时能达到 90%，但它永远不会达到 100%。我们永远都无法完全控制未来会发生什么……这也许会让我们对未来感到焦虑：尽管桑德琳娜曾经那么卖命地工作，尽管她是多么不愿意离开公司，她还是不得不接受裁员这个残酷的结果，可她会问自己："我以后会变成什么样？"一旦我们发现自己掌控未来的能力很有限，我们一样会对现在的生活感到无助。

桑德琳娜进入了她的"小危机"时期，也就是说，她以前的生活被打乱了，但她也不能做什么来改变这一切，公司要解雇她，这已经是板上钉钉的事。她觉得自己非常无能，甚至开始觉得抑郁。那么，在你看来，好奇心将如何帮助她呢？她该怎么做，才能让自己好起来呢？

- ◆ 处境：她应该努力让生活继续向前，让自己慢慢好起来。
- ◆ 情绪：她应该让自己转移注意力，不要总被情绪牵引，而是试着想一些别的东西。
- ◆ 感觉：她应该做一些让她快乐的事情，赶走一切悲伤和沮丧。

◆ 行为：她应该寻找更加有效的方案来解决问题。

◆ 想法：她应该换个角度和方式来看待她目前的处境，改变她的既有看法。

你选择"处境"吗？没错，我们可以让生活继续向前，改变现状，遗憾的是，我们并不能改变所有的现状……

你选择"情绪"吗？也有道理。一般来说，当人一旦分心时，心情会变好。但是……你有没有想过，当你努力抛开情绪去干别的事情时，会发生什么？情绪还是会找上门的！

你选择"感觉"吗？你选得对，在你觉得人生最黑暗的时光里做一些有趣的事情，唤醒你的感官，调动你的积极情绪，这是非常重要的。做做按摩、品尝美食，这些都会给我们带来很好的感官体验……然而，迟早，你试图逃避的情绪和消极想法还是会回来的！

你选择"行为"？的确，行动指引生活，行动起来能让我们一步一步接近我们的目标，做自己人生的主角。然而有时候，我们只知道为改变现状拼尽全力，却不曾留意其实自己已经在预想的人生轨道上不断前进。正因如此，我们才会像桑德琳娜一样感到无助……

你选择"想法"吗？百分之百正确！想要改变现状，我们能做的很少，即使我们采取了一切可能的行动，我们仍然没办法走出当前的死胡同！愉悦的感觉只能让我们暂时放松一会儿，情绪也只是能够让我们暂时把注意力转向别处而已……如果我们用新的眼光看待自己的处境，我们的情绪就会发生持续的改变，我们的身体会不断放松，我们也不必再依赖按摩来放松自我……甚至，我们还会灵机一动，想出新的解决方案!

事实上，希腊语中的 krisis（"危机"）并不是个贬义词，它只是一个中性词。因为我们可以采取不同的方式来回应那些打破生活平衡的意外事件，这取决于我们如何看待这些"小危机"，以及是否怀着好奇心来看待它。

下面我来给你讲一个小故事……

老人和他儿子的故事

在古代中国，在一个藏匿于深山之中的村庄里，生活着一位老人和他的儿子。

老人的妻子在年轻时就离开人世了，后来也没有人愿意再嫁给他，因为他家住得太偏僻了。他以种田为生，他的儿子也会帮忙干农活。

春天就要来临，又到了播种的季节，他们需要去村里买种子。今年，老人觉得自己太累了，没办法再去采购，于是他就吩咐儿子去买。儿子很乐意帮父亲这个忙，因为他终于有机会去村里透透气，四处逛一逛了，这样的机会是很难得的。于是他备好马匹后，第二天就上路了。

金风送爽，天空晴朗，这是十月底难得一见的好天气。马儿也很高兴，在马厩里关了一个多星期之后，它终于能够出来好好跑跑了。但还没走多久，马儿就被路上草堆里面的石头绊了一下，连人带马一起摔倒在了地上；老人的儿子只是身上划了几道划痕，而那匹马则摔折了一条腿。老人的儿子试图让马儿回到路上慢慢走，但还是不行。马儿现在连站着都很困难，最后他们无可奈何，不得不打退堂鼓，半路折回家去。

　　老人看到他们不到一个小时就回来了，觉得不对劲，于是问儿子发生了什么。

　　"我的父亲，我运气太差了……我骑马赶路的时候，马被一块石头给绊倒了，摔断了一条腿。所以我没法去村里买种子了……"

　　"我的傻儿子，"老人回答道，"谁告诉你这是运气不好？也许这说明今天你本来就不该去买种子。"

　　这位老人说得没错，因为几天后，一场突如其来的暴风雨淹没了农田。即便他们播了种，也是白费功夫，这么潮湿的天气下种子会腐烂，到头来他们还是得再去买种子。

　　几天后，田地再次干燥，可以再次播种了。但这个村庄离家实在太远了，尤其是种子又很重，所以老人让儿子去向他的一个老朋友要一些种子，老朋友住得也不远，离他家只有几公里的距离。

　　于是年轻人又开始赶路，一小时后到了他父亲的朋友家。

出乎意料的是，他恰好碰上父亲朋友家正在举行的宴会：这其实是父亲朋友女儿的 18 岁生日宴会。他被留下来住一晚，第二天再带着种子回家。这个女孩非常漂亮，年轻人立刻爱上了她。宴会结束后，只剩他和女孩两人时，他向女孩表达了自己的爱意，向她承诺要娶她为妻。女孩回答说，前提条件是她必须征得她父亲的同意，如果父亲同意，会写信给他来确定结婚日期。第二天，这个年轻人高兴地回家去了，心情好到他甚至都没有感觉到肩膀上种子的重量。他一回到家就跑去告诉他父亲这个好消息。父亲却回答说："你觉得很高兴，这很正常，但谁告诉你这就是好事？住在这儿附近的许多年轻人都很想娶这个女孩，他们或许不会轻易接受最后你成为那个娶走女孩的人。"

果然如此，另一个年轻人也喜欢这个女孩很久了，一直想向她表明心意。当他知道老人的儿子想和她结婚，这个年轻人就躲在一块石头后，在老人的儿子去干活的路上，用剑刺伤了他。

老人的儿子爬着回到了家，倒在父亲的怀里，说道："我运气太不好了，这个刺伤我的年轻人要去找女孩的父亲，并抢在我面前向她求婚的！"

"谁告诉你这就是运气不好了？也许现在还不是结婚的时机，又或许那个女孩不适合你。向前看，等等看以后会发生什么吧！"

话说回来，老人和他儿子所居住的这个属地已经与邻国交战一段时间了。在屡屡战败导致许多士兵丧生之后，国王派他的警卫到乡下招募新兵。

警卫们冲进老人的家，看到他的儿子受伤并卧床不起，他们就离开了。儿子因此免于征战，他很高兴能够留在家里，还让他的父亲好好给自己庆祝庆祝。

　　"虽说你所说的坏运气让你躲过应征入伍，"他的父亲回答说，"但谁告诉你这就是好运气了？先走一步看一步吧！"

　　国王和他新征入伍的士兵们打了胜仗，他们突破了敌人长达几周的围困，攻入对方王国的首都，将整个城市洗劫一空。因此，参战的士兵都带着大量的金币和珠宝回到了家。

　　"你看，父亲，如果我当时参加了战争，我也能带这些战利品回家，我们从此就不必再干农活。我受伤这件事，原本以为它是件好事，现在看来，还真是件倒霉事。"

　　"儿子啊，等等。谁告诉你这些财富就是好运了？你等着看吧！"

　　果然，几周后，村里来了一帮劫匪。这些劫匪其实正是在国王为庆祝战争胜利之时而下令释放的。这些劫匪恰好得知这些士兵带回了大量战利品，于是便闯入他们家，洗劫了一空，还杀死了那边附近的居民。

　　"儿子，还记得我跟你说的吗？士兵带回来的战利品看似是好运，其实给他们带来了霉运……"

老人和他儿子的故事告诉我们什么道理？……
老人和他儿子的故事讲述的其实也是我们的故事，是每个人的故事。当下，我们只生活在偌大生命圈的其中一环上，我们不了解自己的未来，只能根据目前的情况对未来做出判断。因此，我们很容易就对未来将发生的事情感到无比悲观、焦虑不安或者愤怒不已，这是很正常的。与此同时，我们还期待会有好事发生。

往往在事情过后，我们才会说："对了，其实如果后来这件事没有发生在我身上，我就不会得到这个东西／我就不会遇见这样的人，等等。"有时候，在这些不幸遭遇过后，我们会改变之前的一些想法，比如之前我们总会觉得这些不幸遭遇都是不可抗拒的，给人毁灭性打击的。到了后来我们才慢慢明白，当我们用悲观的态度去看待事情时，我们会不自觉地夸大事情本身。当然，还有一种恰好相反的可能性：我们觉得自己很幸运，但事情发展的真相往往会让我们重新考量当时做出的判断。

构成我们生活的一系列事件就像一套俄罗斯套娃。我们只知现在，不知未来，就像是我们手中的俄罗斯套娃，不管喜欢与否，它都在我们手中。

每一次"小危机"时刻来临，每一次生活平衡被打破，每一次新事物诞生，我们手中就会多一个新的俄罗斯套娃，但这个娃娃究竟是个好运娃娃还是噩运娃娃？一切都是相对的，这取决于你看问题的角度：着眼于现在还是将来？而且，为什么不先带着好奇心好好观察观察我们握在手中的这个俄罗斯套娃？然后再对它分门别类呢？

为什么在尚未综合考虑多方面因素的情况下，就仓促地给我们的人生经历贴上"积极""消极"或是"灾难性"的标签呢？为什么我们总是没有想过，我们经历的"小危机"时刻，或是生活平衡被打破的时刻，或许也能带来一些什么与我们原先期望不一样的东西？

换个角度看问题

看看这张照片。你看到了什么？

有些人可能只注意到白色和黑色的斑点，另一些人很快发现这是印第安人 / 因纽特人，还有一些人则先发现这是印第安人 / 因纽特人，然后过了一小会儿，原先看到印第安人的，这会儿看到的是因纽特人；原先看到因纽特人的，这会儿看到的是印第安人。

你只看到印第安人？或者，你只看到因纽特人？调动你的好奇心，尝试集中精力几秒种……开动脑筋……也许一开始你看不到的图像马上就出现了，你会大吃一惊！它出现了吗？

你看到印第安人，他的脸面向左边，你看到右边的羽毛了吗？你看到因纽特人回头看他的冰屋（照片的黑色部分）吗？

要想找出你没有看到的两个图像中的那一个，你必须要先排除你的第一感觉，擦亮双眼再重新看，用"新"的眼睛来探寻惊喜，体验发现的乐趣！

为什么不试着用这样的方式看待我们的现实生活呢？为什么我们不能把好奇心当作一个珍贵的朋友，为什么不试着抛去对生活的刻板印象和处事方式，探索生活的另一面呢？

安娜的故事

"知识是通过经验获得的，其余的只是信息。"[1]

——阿尔伯特·爱因斯坦

安娜是一位 27 岁的年轻女子，她的男朋友皮埃尔是一名工程师，两个人在一起已经三年多了。他们过得很幸福，也计划在不久的将来就结婚组建家庭。在这座他们生活了很多年的城市里，还有一群亲密的朋友陪伴着他们，每逢周末，大家会一起聚聚。皮埃尔在工作上倾注了很多心血，他有自己的职业抱负，他一步一步往上爬，希望有朝一日能当上公司的经理。

1　关于这一问题，爱因斯坦的另一说法是：信息并不是知识，知识的唯一源泉是经验。

最近，他的公司要把他调到国外并担任要职。皮埃尔感到十分开心，而安娜却对此犹豫不决：她真的不想离开自己出生的城市，不想离开家人和朋友，去一个她谁也不认识的陌生的地方，更何况她还不是很精通当地的语言。最终，在男朋友给她讲述了开启新生活的一系列好处之后，她还是让步了。

半年来，安娜和皮埃尔住在他们租的一间小公寓里。皮埃尔相对容易地融入了新工作，并对此非常满意；而安娜却相反，她目前只是干一些零活，她觉得自己英语不够好，所以不具备做一名法语老师的能力，虽然当法语老师跟她大学所学的专业是最对口的。工作结束后，她先去超市采购，然后回家。

安娜是一个墨守成规之人，她很难适应新环境，她觉得不能说母语真的很痛苦，因为她总是非常害怕说话时，对方会对她有什么看法。每当她不得不跟人说话时，她都会情不自禁地想："我肯定会说一些废话……我看起来肯定很糟糕……太丢脸了，他肯定觉得我是个白痴！"

大多数情况下，人们都很愿意帮助安娜，但这对她并没有什么帮助。她总会对自己说，下一秒她就会遇到一个让她难堪的人，就像她在抵达伦敦不久后遇到的那个人一样：那是一个星期六，那天她在一家服装店逛，她向售货员询问些什么，当售货员刚想要努力听清她的需求时，由于店里人太多了，售货员就扭头去招呼其他客人，而且还嘲笑她讲英语的样子。这些冒犯的话深深伤害了安娜，还让她回忆起从小到大，她似乎总是显得那么笨拙、那么无能。

从这一刻开始，每当她不得不跟人打交道，她就觉得力不从心，并且在谈话过程中显得非常焦虑。为了防止这种情况再次发生，她尽量不出门，只参加一些必不可少的日常活动。

她渐渐失去了好奇心，可是……安娜会在本书的第三部分等着你……到时，我再接着讲她的故事！

好奇心：带你走出习惯性的负面想法，改正拖延的习惯

我们的大脑每天大约需要做 6000 个决定。不容易吧！想象一下，我们有这么多需要考虑的问题，例如"我该怎么洗脸？""我要走哪条路去上班？""我该如何表达我的想法？"幸运的是，我们的大脑可以借助一些捷径，通过反复训练形成的习惯，打开"自动驾驶模式"，于是很多事情都可以自动化处理，不再需要每次都通过意识来做决定。这样一来，大脑可以省下不少力气呢！

于是我们的大脑里会慢慢形成一条条的"高速公路"，以及我们经常走的"捷径"。我必须尽快开始上班，以免浪费我宝贵的休息时间？我应该走自己最熟悉的那条路线；有客人要来我家，我得准备个菜谱？我会选择一个熟悉的菜谱，尽可能节省时间，我的每一个动作几乎都是自动进行的，我也可以同时想别的事情，甚至可以一边做菜一边打电话！

我们需要养成上述这些习惯：它不仅帮助我们节约精力和

注意力，也是我们生活的重要组成元素。因为它们的存在，我们不会觉得自己忽然"失去控制"，或是"一片混乱"。然而，需要指出的是，我们的"心理高速公路"不仅仅指我们在行为上的一些习惯。

选举世界新领袖

现在我们要选出一位世界的新领袖，你的投票很关键。

- 候选人 A. 他与腐败的政治家合谋，他还找占星家咨询意见。他有两个情妇。他烟瘾很重，也爱酗酒。

- 候选人 B. 他曾被解雇两次，经常睡到中午，在大学吸毒，每天晚上都要喝一升威士忌。

- 候选人 C. 他是一位因赫赫战功而被授勋的战争英雄。他是素食主义者，不吸烟，偶尔喝点啤酒，从未有过婚外情。

你会把票投给谁？

答案：

候选人 A 是富兰克林·德拉诺·罗斯福。

候选人 B 是温斯顿·丘吉尔。

候选人 C 是阿道夫·希特勒。

挺有趣的，对吧？它可以让你好好想想！

我们大家在做决定或下判断时，经常都会选择"心理捷径"，这样我们能够快速做出选择，对所处的情况或者对某个人快速做出判断……我们的大脑喜欢在"节能模式"下运行！我们习惯认为"骁勇""素食者""不吸烟、不喝酒"和"忠诚"这些品质都是聪明睿智之人才会拥有的。我们的大脑直接将"某种品质"和"某类人"串联在一起，而不去想为什么要这样做。就这样，我们才有了对某个国家或某份职业的固有印象和成见。

我们对不同类型的人有哪些刻板印象？

意大利人　都是拉丁语爱好者。

德国人　　都爱喝啤酒。

程序员　　总是戴着眼镜，品位过时。

心理学家　都有点神神秘秘的。

你有没有觉得，在我们日常生活中，一旦我们对某个人形成某种印象，要想再改变它就变得很难，哪怕这个人的行为和态度其实有所改进。这是因为我们的大脑已经形成了一条"高速公路"，我们很难说服大脑放弃原先熟悉且让我们感觉舒适的线路，重新选择一条全新的线路！

我们的大脑偏爱那些熟悉的线路，偏爱能够自动建立的"直接关联"。你觉得很好奇，想试一试？读读下面的句子，看看你会想到什么：

- 还有其他的猫要＿＿＿＿＿＿＿＿＿＿＿＿
- 下雨了，下雨了，牧羊女，回来＿＿＿＿＿＿＿
- 在＿＿＿＿＿＿＿＿＿＿＿＿＿＿建造城堡
- 前进，＿＿＿＿＿＿＿＿＿＿＿＿＿的儿女

如果你的母语是法语，或者你精通法国文化，你或许会发现，空格处该填入的词会很自然地浮现在你头脑里，你甚至都不需要费劲去想每个空该填什么。而且，就算你想方设法摆脱出现在你头脑里的这个词，它最终还是会出现在你的头脑里！试试吧！感受一下我们拥有"串联能力"的大脑，以及"高速公路"的魔力！

还有一种类型的"高速公路"，我们将其称为"心理高速公路"，即当我们面临某种情况，我们会自动想起曾经遇到的类似情况，尤其是我们曾经遇到的难题或承受的压力。我们通常会以这样的方式回想起来："我永远都做不好这件事！""我真是一个一无是处的母亲。""今晚的派对上没人愿意理我。"或者"明天我的课堂展示肯定会做得一塌糊涂。"你是不是经常这么想？这个时候，好奇心是否能带你走出这些"心理高速公

路"呢?

三车道公路

或许,桑德琳娜和安娜的故事已经让你回想起你以往的类似经历。那么现在,请你回忆某个你遇到过的艰难处境,它不至于让你过于痛苦,而是可以让你花几分钟好好思考一下,然后我们一起来做一个小训练。

关于好奇心的小训练

闭上眼睛,试着回到你原来的状态,就像你穿越回到过去一样。如果你觉得太煎熬,你可以换成另一段让你觉得更不那么痛苦的经历,一段你可以花时间回忆和反思的经历。

选定之后,你将自己浸入这段过去的经历之中,带着你的好奇心,问问自己:你现在感觉怎么样?烦躁、生气、悲伤还是沮丧?又或许,害怕、担心还是焦虑?甚至,你觉得很羞愧、内疚或者恶心?试着弄清楚,你内心的情绪感受到底是怎么样的。

接着,请你留意一下,当你想起这段经历时,这些情绪在你身体内部有什么表现:你身体的哪个部位有感觉?

比如说，你是不是觉得肚子里仿佛有一个球？你是不是觉得肩膀或背部有一股压力？你是否感觉呼吸或心跳加速？仔细捕捉一下身体内部的感受。

现在，带着你的好奇心，回顾一下，在当时的处境里，你头脑里的想法是怎么样的？就这段经历，你有什么特别想说的吗？如果有的话，那太好了，把它写下来！你是怎么对这种情况做出反应的？你的反应带来了什么后果？

有些人发现，使用下面的表格把信息分成三列进行梳理，这样会清晰很多，也有利于我们进一步思考。

其实，我们的"心理高速公路"有三条车道：第一车道是我们遇到的艰难处境；第二车道是在这种处境下，我们头脑里的想法；第三车道是我们内心的情绪、与情绪相关联的身体感受，以及我们采取的行为。我建议你试着像桑德琳娜和安娜一样，用下面这个表格来整理在刚才这个小训练中的一些想法和感受，然后我们再借助这个表格来唤醒在你体内沉睡的好奇心……想知道结果究竟如何吗？继续往下读！

桑德琳娜的表格是这样的：

处境 （遇到过的艰难处境）	**想法** （内心的对话）	**情绪**（悲伤；愤怒；内疚；恐惧；憎恨；惊喜；喜悦） **感觉**（身体感觉：肚子胀气；呼吸困难；流汗不止；心跳加速） **行为及其后果**（在这种情况下，我采取了哪些行动？）
失业	"我本应该追随自己的内心，我真的太蠢了，我亲手毁了自己的一生！"	**内疚：** 胃部有沉重感
	"我真是没用，现在发生的这一切，都是我活该！" "他们把我辞退，说明他们不喜欢我，说明我不够好，说明我在工作上做得不够好。"	**悲伤：** 肚子胀气（像一个球一样）；喉咙干紧；多泪；持续疲倦发困
	"我的丈夫和孩子应该学会自己照顾自己，让我好好休息一下！"	**愤怒或神经紧张：** 兴奋感；有一股气从腹部一直上升到嗓子眼
	"我不应该这么对他们，我真是个一无是处的女人，更不是个称职的母亲，我不配得到他们的爱！"	**行为及其后果：** 自闭；几乎不怎么出门；对自己的丈夫和孩子恶语相待

安娜的表格是这样的：

处境 （遇到过的 艰难处境）	想法 （内心的对话）	情绪（悲伤；愤怒；内疚；恐惧；憎恨；惊喜；喜悦） 感觉（身体感觉：肚子胀气；呼吸困难；流汗不止；心跳加速） 行为及其后果（在这种情况下，我采取了哪些行动？）
出门与人 打交道	"我肯定会说一些废话……没人会在意我。" "真丢脸，别人肯定都觉得我是个白痴!"	焦虑：手一直出汗，胸部感觉有挤压感
	"我又会遇到讨厌的家伙，就像那个服装店的售货员一样的！"	悲伤：喉咙仿佛打结一样
	"我真是笨死了，我是一个一无是处的笨蛋！"	行为及其后果：回避现实，我尽量不出门，尽量少说话。

现在轮到你啦! 把你的个人表格填充完整!

处境 (遇到过的艰难处境)	想法 (内心的对话)	情绪 (悲伤; 愤怒; 内疚; 恐惧; 憎恨; 惊喜; 喜悦) 感觉 (身体感觉: 肚子胀气; 呼吸困难; 流汗不止; 心跳加速) 行为及其后果 (在这种情况下, 我采取了哪些行动?)

主车道 : 你内心的想法

通过看桑德琳娜和安娜的表格, 我们不难发现, 她们的生活是由不同的要素构成的。她们各自的处境 (A) 导致她们产生了某种不快的情绪 (C), 这种情绪可能是焦虑和 (或) 愤怒。

当我们处于困境时, 唯一的感受就是周围的一切事物都不会按照我们所期望的那样发展, 于是我们会觉得愤怒; 又或者, 一旦某个意外事件降临在我们头上, 我们便感到害怕和焦虑。

换句话说, 我们总是会习惯认为, 情绪源自我们所经历的生活, 从某种程度上讲, 正是桑德琳娜的生活导致了她的焦虑

105

和愤怒情绪。

但是，我们又该如何解释，面对同样的困境（生活变迁、关系破裂……），每个人都各有不同的应对方式？

比如说，当你在读桑德琳娜的故事时，你会把自己当成她，你甚至会觉得内疚，因为你会不自觉地把自己代入到她的处境当中，或者你会觉得开心，因为你对自己的工作已经感到无比厌倦了！

那么，为什么桑德琳娜会觉得焦虑和愤怒，而不是内疚和开心呢？为什么面对同样的情况，我们每个人都会有不同的情绪感受，并采取截然不同的行为呢？

我们一起来回顾一下桑德琳娜的心理活动："我应该追随自己的内心，我真的太蠢了，我亲手毁了自己的一生！我真是没用，我真是活该！还有，他们把我辞退，说明他们不喜欢我，说明我不够好，说明我的工作做得还不够好！"。

先停下来想一想：如果你也有同样的想法，你的情绪会是怎样的？可能和桑德琳娜一模一样。

当然，桑德琳娜也可能有截然不同的反应，她或许会对自己说："他们本来不应该这样做的，毕竟我为公司付出了那么多，他们真是太不讲道理，太讨人厌了，我恨死他们了。"这或许正是你们在面临同样处境时可能会有的想法。

如果桑德琳娜真的有这种想法，她可能就会认为所有的问题都出在老板身上，她可能因此不再感到内疚，转而对老板愤恨不已。

综上所述，我们发现，面对同样的生活处境，我们会产生不同且不断变化的情绪，而这种不同和变化又取决于我们究竟是如何看待自己的生活处境的。例如，在面临一段关系的破裂时，我们可能会想：我的生命里可能再也遇不到这么好的人了！然后我们会觉得万分难过；又或者我们会想："没有他 / 她，我该怎么办？"然后我们感到焦虑；再或者我们会想："都怪我，他 / 她才离我而去。"然后我们感到内疚。我说得没错吧？

它在我们心中唠唠叨叨，说个不停！

介于我们的处境与我们内心产生的情绪之间，有一个决定因素：我们对处境的看法。说白了，就是我们会对自己说的话。通常来讲，这些想法，即我们的"内心对话"属于我们的"前意识"[1]：我们或许没有意识到这一点，它解释了为什么我们总感觉自己的行为和情绪都直接源自我们正在经历的生活。

正是由于这些想法都属于"前意识"，所以它很容易反复

1　弗洛伊德提出人的心理结构由三部分组成，分别是意识（conscious）、前意识（preconscious）、无意识（unconscious）。前意识是指我们心里那些能够转化成意识的东西，很多人都有这样的体会，当我们对一件事情冥思苦想的时候，突然从自己的脑海中蹦出一个与之相关的内容，或是我们早已忘记了某样东西，可是在某个瞬间，关于它的记忆忽然又回来了，这就是前意识在活动。前意识在意识和无意识之间担当着"守门人"的角色，每天严密地守护通往意识的大门，把想要入侵意识的欲望、情感等属于无意识的东西拒之门外。如果前意识偶尔放松警惕，就会让经过乔装打扮的无意识趁虚而入，渗透到意识的天地里。生活中，一些人醉酒后会出现大哭、大闹、诉说心底隐藏已久的苦闷等，这些情况就是其中的表现形式。

出现，没过多久它们就会忽然又蹦出来：你可以将注意力集中在我们现在正在进行的练习上，关注自己此时此刻的想法。你可能会惊讶地发现："我无法集中注意力，这简直是浪费时间，这个方法没有用！"于是你感到十分愤怒；又或者你会很难过地想："我做不到，我太没用了！"再或者，你会感叹："太棒了，我以前从未留意过它！"你会因为新的发现而又惊又喜。

由此可见，在我们的处境和我们内心产生的情绪之间有一个重要的过渡阶段：我们的想法，即我们对现实的理解。我们的想法决定了我们的情绪并影响了我们的行为。而有了好奇心，我们可以更好地捕捉到自己的想法，听听内心的声音，然后再合理调节自己的行为，避免产生痛苦或不适。我们一起来看看！

ABC 三角理论：我们脑海里的反复唠叨

想法和情绪之间的关系是双向的：如果说我们的想法会导致我们产生某种与之相关的情绪和身体感觉，那么反过来，我们的情绪和身体感觉也会促成一些想法的诞生。

试想一下：在你面前呈现着一道亮丽的风景，它让你想起了童年的美好时光，不断地唤醒你头脑里对过往的回忆，这些画面也许让你的怀旧之情油然而生。我们甚至会开始展开无限的遐想："多么美好的时光啊，再也不会有了……"；或者你可以试想一下：你现在平躺着，享受着按摩带给你的舒适感，你的全身肌肉都很放松。在上述的这些时刻里，你是不是感觉不再有那么多烦人的问题像大山一样压得你无法喘息？这些问题似乎都能迎刃而解？当我们从事自己喜爱或者让自己觉得快乐的活动时，你有没有发现，我们会因此而变得乐观许多？

这就是我们所说的处境、想法与情绪及其相关联的感觉和行为三者之间的关系，认知行为理论中将它称为"ABC 三角理论"！

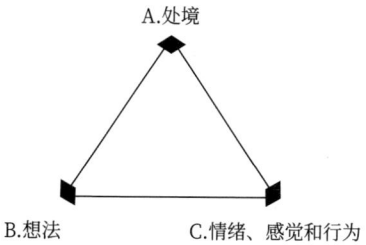

当我们付出昂贵代价时……

如上图所示，在"A. 处境"和"C. 情绪、感觉和行为"之间，隔着一层"B. 想法"，即我们对现实的"解读"，它决定着我们产生何种感觉，采取何种行动。

我们当然会产生痛苦或不愉快的情绪，这是生活常态。但是，我们承受的痛苦有时候是毫无根据的，它与我们现在的生活没有半点关系，而是完全源于我们对过去的某个场景或是某个习惯的回忆。比如说，我们为一场考试或是一份工作全力以赴，最后的结果却不尽如人意，我们很可能因此开始自我贬低，觉得自己天生就不适合学习，不适合工作，觉得自己一无是处，是个废物……

你一定也有过这样的想法吧？事实上，这些想法只会使我们感到沮丧，耗光我们的能量，浇灭我们对周围事物的热情和好奇心。这些消极想法一旦产生，我们就再也无法将其摆脱，也不会再尝试对生活进行新的"解读"。我们只能沦为精神囚徒，遭受痛苦的煎熬和折磨，从此不再拥有好奇心，也无法再感受探索的乐趣。显然，对生活的某些"解读"会将我们置于痛苦的境地，甚至导致一些不合时宜的糊涂举动。例如，当这些消极想法占据我们的大脑时，我们便会想，继续做下去是徒劳无功的，不如就这样放弃一切吧。

相反，对生活的另一些"解读"，不管它最终引发的是积极情绪还是消极情绪，它总归是与现实相符的。更重要的是，这些"解读"是建立在你对生活好奇和开放的态度之上的。

"混乱型"的"解读"阻碍了我们对他人和世界与生俱来的好奇心，而"建设型"的"解读"恰恰相反，它使得我们对世界越发感到好奇，朝着自己的目标不断前进。然而，究竟是什么导致了这两种"解读"方式的差异呢？

认知扭曲：“这位施主，我已识破你的面孔！”

我们总是在诠释现实，试图要给现实赋予某种意义，以便能够以我们自认为合适的方式对生活做出回应。

举个例子，当我们和朋友或熟人交谈时，我们的大脑就开始对周围的现实进行解读，它不但决定了我们的谈话内容，甚至决定了谈话过程中我们对他人给予何种程度的关注。

有时，我们所做的诠释是符合现实的。但是在一些触碰到我们敏感神经的事情上（遭遇失败、蒙受损失、发生冲突等），我们的诠释就可能会脱离现实。换句话说，我们的一些认知错误可能会导致对现实的错误“解读”，这种“解读”与现实情况往往是背道而驰的。

认知疗法之父贝克[1]将这些错误称为“认知扭曲”，也就是说，这些错误导致了我们对现实的扭曲，我们总是一意孤行地以自己的方式来解读现实。问题在于，这种错误的解读方式往往会剥夺我们的好奇心，把我们推向痛苦的深渊，甚至导致我们做出一些让痛苦倍增的举动。

回到我们前面所举的例子，当事情的结果低于我们的心理

---

1. 亚伦·特姆金·贝克（Aaron Temkin Beck, 1921— ），美国精神病医生，宾夕法尼亚大学精神病学的名誉教授，认知疗法之父。认知疗法被广泛应用于临床治疗抑郁症。认知疗法的重点在于矫正来访者的思维扭曲，运用重新归因、三栏笔记法等实用技术，帮助来访者消除消极的自动想法，重建认知结构。它吸取了行为科学的理论与分析心理学的技术而日趋完善和系统化，成为当今心理咨询师在咨询中主要运用的一种方法。

预期时，我们可能会仓促地给自己下结论："我生来就不是学习这块料！"我们可能会因此荒废学业，放弃工作，之后又觉得后悔，心感内疚。

其实退一步看，我们便会发现自己有时候似乎夸大了事实，我们对现实的诠释或许是脱离现实本身的。或许你也曾经为自己对现实的"混乱型"解读感到懊悔不已吧！究竟有没有可能避免这些对我们的生活产生负面影响的症状呢？要想不掉入陷阱，必须先能识别陷阱。第一步要做的就是要找回好奇心，对生活中的人和事物抱以开放的态度。因为在面对熟悉的事物时，我们更容易避免错误认知的产生。

还记得悉达多[1]的故事吧！在他在沙漠苦修的日子里，有各种各样的妖魔鬼怪想要勾引他、诱惑他。而他每次都用同一句话予以回应："这位施主，我已识破你的面孔！"不管对方披着什么样的外壳，悉达多都能一一辨别，他因此得以抵抗邪灵的诱惑，一如既往地坚持本心。

每个人都会遇到各种各样的"妖魔鬼怪"，犯各种各样的思维错误，有的错误还不止犯一次。在与这些"妖魔鬼怪"打交道时，对方一出现，我们就应该能够将其识别并打败，对它说："这位施主，我已识破你的面孔！"

下面哪种描述与你的情况相符？符合的打勾，并把出现的"妖魔鬼怪"全部找出来！

1　乔达摩·悉达多，古印度佛教的创始人和领袖释迦牟尼。

1. "我永远都不会成功！"❑

2. "只要我的工作中有任何一个小细节没有做到完美，那它完全就是一塌糊涂的。"❑

3. "工作对我而言，要么不做，要做就做到完美。"❑

4. "没必要再坚持下去了，事情不会有回旋的余地了，一切都不会改变了。"❑

5. 头一天你还嚷嚷着："安托尼是我的理想型丈夫，我的至爱。"第二天你就立刻改口："他真是个粗心鬼，我讨厌死他了。"

或者，头一天你还像打了鸡血似的："我爱死我的工作了。"隔了没几天，你又话风大变："我已经厌倦了这份工作，我想换工作了。"❑

6. "我要是做了一件好事，我内心很平淡；要是我做错了一件小事，我就会变得无比悲观。"❑

7. "我的同事、朋友或者其他人都肯定觉我是个无趣的人，觉得我非常无能。"❑

8. "我考得好是因为考试很简单，我无法接受自己考试失利。"❑

9. "真难过，他们私底下肯定都觉得我很无能。"❑

10. "当我展望未来时，我只会消极地预测，我会想象未来可能发生的一些不好的场景。"❑

11. "这些不好的事情之所以发生，完完全全都是我的错，我应该负全责。"❑

12. "我会觉得无聊，觉得孤独，觉得自己无法胜任工作，觉得别人会拒绝我。"❑

13. "我应该这么做的……我不应该这么做的……本来事情不应该是这样的。"❑

14. 你明明已经很努力了，但你还是觉得有很多不足的地方。❑

你勾了哪些选项呢？

◆ 描述 1 和 4

你可能太喜欢把事情"过度概括"了！当心使用"永远都""再也不"这些词，敲响警钟！这些"妖魔鬼怪"要找上门了！实际上，我们总是很倾向于把某一幕具体的场景、某一个特定的处境，概括成我们的整个未来！如果我们是在谈论爱情，"我会爱你一辈子"这种话，这种"过度概括"倒也会让我们觉得幸福，但如果是谈论一些消极的事情，非要把当前发生的某件事情与整个后半生联结起来，就只会徒增我们的悲伤了，尤其是这种联结还往往忽略现实，只是我们的主观臆想！

◆ 描述 2 和 14

找上门来的"妖魔鬼怪"叫做"选择性概括"！也就是说，我们可能只倾向于看到事情的某一个方面，并且仅仅基于此就形成自己的想法和判断。当我们恋爱时，我们选择性地"概括"出伴侣的优点，因此我们觉得对方身上全是优点，简直是个完美的人。这样非常好！但是，如果我们仅根据一些片面的认识就对某个人评头论足……这就很不应该了，因为我们正在给别人施加无缘无故的痛苦！

◆ 描述 3 和 5

不要担心，你之所以喜怒无常、说变就变，是因为你被"非黑即白"这个妖魔鬼怪缠身了！我们的思想被劈成了两半，非此即彼，要么"全有"，要么"全无"；要么"完美无瑕"，要么"一无是处"。我们在两个极端之间摇摆，全然忽视这两个极端之间的"中间地带",忽视影响我们做判断的细微差别!

◆ **描述 6 和 8**

你现在面临着的这个"妖魔鬼怪"有两副面孔:它是积极事物的凹透镜,同时还是消极事物的凸透镜。我们(或他人)所取得的成绩以及优点都被凹透镜缩小到几乎看不见,而我们的缺点和失误会被凸透镜不断放大,成为我们关注的焦点!

◆ **答案 7 和 9**

这个名叫"读心专家"的"妖魔鬼怪"给了我们一种神奇魔力药水,赋予了我们一个超能力:解读别人的心思!不幸的是,我们所读到的内容往往对我们不利……更要命的是,即使并没有任何证据能够证明我们读对了还是读错了,我们还是会对我们读到的东西深信不疑……

◆ **描述 10 和 12**

当你正在展望未来……糟了!"妖魔鬼怪"来了,它叫作"消极预期"。由于它的存在,我们所看到的未来全部都是大大小小的灾难场景,这叫人怎么避免焦虑和沮丧呢?

◆ **描述 11 和 13**

不管发生什么事情,你是不是总喜欢把所有责任往自己肩上扛?其实,如果不是有这个叫作"过度自咎"的"妖魔鬼怪"

的话，一切其实并不会这么糟糕！

现在我们对各种形态下的"妖魔鬼怪"都已经有所了解，那该怎么做才能避免你的宝贵品质"好奇心"被抢走呢？安娜会在本书的第三部分等你，她将跟你好好介绍她用来对抗"妖魔鬼怪"的绝密武器！

走出高速公路，打开导航！

前面我们讲到了"心理高速公路"这个概念，它是指我们在处境、想法和情绪／感觉／行为之间建立的习惯性联结。

我们总是对这些高速公路充满留恋，不愿去探索新的替代性道路，哪怕我们在使用这些高速公路时会付出代价，换句话说，这些"习惯性联结"和对现实的"解读"总会给我们带来烦恼、痛苦和不安。可是，为什么要为此付出这么昂贵的代价呢？没有什么能逼迫我们做这样的选择啊！好奇心可以做我们的引路人，它将带着我们一起打破常规，率先找到出口！

好奇心将我们推向新的征程，直面那些让生活更加多姿多彩的变化。好奇心驱使我们问自己："另外这条道路是不是也可以？"敢于选择一条与众不同的道路，也就意味着我们对自己有了更清晰的定位。

准备好开始我们的新旅程了吗？让我们打开我们的导航，我们将在本书的第三部分开始我们的旅程！

莱昂内尔的故事

莱昂内尔今年 64 岁，离异，有三个孩子，马上就要当爷爷了。他独自生活，孩子们都生活在其他城市。他与前妻少有来往，虽然他和别的女人有过几段恋情，但都没有持续很久。

莱昂内尔最近刚刚退休，退休前他是一名会计师，对待工作认真负责，毫不懈怠。自打退休以来，他就开始感到背痛，全身肌肉酸痛。医生给他做了一些检查，但都没查出到底是什么毛病。

因为还不太适应退休的新生活，莱昂内尔过得并不开心，他觉得自己很没用，所以越发难过。几个月前，他会在心情不错的时候出去锻炼身体，锻炼回来后他的心态就可以恢复一些。但是现在，身体的疼痛限制了他的活动能力，这使得他的情绪变得更加低落。他觉得这样的生活令人窒息，为了赶走这些低落的情绪，他会通过看电影或者其他文化活动来转移自己的注意力。这个方法的确奏效，但是好景不长，生理和心理的疼痛很快又来打扰他的生活。他绝望不已，因为他实在不知道自己该如何摆脱这些折磨人的痛苦。

在朋友的建议下，他报名了瑜伽试听课程，想试试看做瑜伽会不会对他的状况有所改善。结果他更痛苦了，他告诉自己再也不做类似的尝试了。从那以后，他整日宅在家里不出门，仿佛置身于一个黑暗的隧道里，看不到一点希望。

虽说，他始终还是希望生活能有所改善，希望重新做回那个充满活力的自己，但他的好奇心已经不见了。最后……我们将在本书的第三部分告诉你莱昂内尔的故事结局！

好奇心是一剂接纳痛苦、缓解焦虑的良方

生活中，我们会经历各种各样的痛苦：要么是心理上的痛苦，比如失去至爱、关系破裂、职场失意……或者身体上的疼痛，像莱昂内尔这样的。这两种类型的痛苦通常是彼此串联的：心理上的痛苦可能会表现在身体上的疼痛，而身体上的疼痛又会加剧心理上的痛苦。

拿莱昂内尔来说吧，退休对他来说是一次沉重的打击，他内心所承受的痛苦外化为身体上的疼痛。显然，莱昂内尔处于苦苦挣扎之中，他希望找到一个一劳永逸的解决办法，彻底赶走所有的痛苦。

你会给莱昂内尔提什么建议呢？（如果你赞成该建议，请在后面的方框中打勾）

- ◆ 出去喝一杯，好好放松放松。❑
- ◆ 去做按摩。❑
- ◆ 向生活投降，臣服于现实。❑
- ◆ 寻找新的解决方案。❑
- ◆ 干点别的事情来转移注意力。❑

◆ 直面自己的痛苦。❑

　　我们每个人都在试图寻求逃离困境的办法，克服困境带来的消极情绪。然而，并不是所有的办法都奏效：有些办法完全不管用；有些则是短期内有用，但时间长了一样没用，因为它们要么是不能从根本上解决问题，要么就是旧的问题还没解决，新的问题又出现了。

　　下表是策略有效性评估表，你可以在每一种策略后面评估它的有效性（短期内有效 / 长期有效 / 完全有效）。

用来减轻、消除或避免某些想法、情绪及感觉的策略或方案	短期内有效 (+/++/-/--)	长期有效 (+/++/-/--)	完全有效 (+/++/-/--)
对一切困境采取回避反应			
喝酒			
强迫自己面对困境			
反复思考			
追求成功，寻回自尊感			
向现实屈服			

投身工作或者参加其他活动			
转移注意力（电影、上网、运动）			
自闭			
暴饮暴食			
其他 _____			
_____			
_____			

你对这些策略和方法做出了怎样的评估?

填完这个表之后，你还会给莱昂内尔提出相同的建议吗?

我们再来一起看看这些策略和方法:

◆ "出去喝一杯，好好放松放松"，这个办法可以在短时间内减轻莱昂内尔的心理负担，但是它同时可能会导致他酗酒成瘾，产生依赖，让他的处境更加危险。

◆ 同样，按摩的效果也是暂时的，按摩一结束，他又会重新体会到疼痛的感觉。但与第一种解决方案相比，它唯一的优势是不容易上瘾，或者就算上瘾了，也不会对身体产生太大的实质性伤害。

◆ "向生活投降，臣服于现实"会让他的情绪变得更加低落，他可能从此陷入恶性循环，在抑郁和自闭中备受煎熬。

◆ "寻找新的解决方案"？没错！他的确应该寻找新的解决方案，但是该从哪一步开始着手呢？

◆ "干点别的事情来转移注意力"，这个办法和按摩或者喝酒一样，只是暂时性的解决方案，我们应该把它归类为短期内有效的办法，并非长久之计。

◆ 最后一个神秘建议……"直面自己的痛苦"。如果你给这项建议投了赞成票，恭喜你! 但是应该怎么直面自己的痛苦呢？

直面身体上的疼痛或心理上的痛苦，对痛苦保持好奇心并非易事。要知道，这些痛苦通常是难以忍受的，我们只会想方设法逃避摆脱，现在却要对它保持好奇? 这怎么可能?

其实，问题的关键首先是我们想方设法摆脱痛苦的意愿。

别去想那头粉红色的大象

闭上眼睛，坚持两分钟，试着不要去想一头粉红色的大象。

无论如何你都别想起它，也不要去想任何会让你想起粉红色大象的东西。把注意力集中在你的头脑上，保证你不去想粉红色的大象，你要尽力遵守我提出的一系列指令，同时留意你头脑里冒出来的想法和浮现的画面。

准备好了吗？两分钟计时开始！

短短两分钟内，你成功克制自己不去想粉红色的大象了吗？你或许一直在"监督"自己的大脑，确保自己不去想它……其实粉红色大象的画面已经在你头脑里勾勒出来了！也就是说，其实你已经不由自主地在想它了！

你有没有想过，让自己努力不去想粉红色大象到底耗费了你多少脑力和精力？重点是，不管你多么努力地想要把这个画面从头脑里删除，它每次又很快就冒出来了，是不是？……

假如说你现在要下定决心不去想那头粉红色大象，然后你把这本书合上。但是，是不是只要看到这本书，你就又会想起粉红色的大象？好，那你就把这本书藏起来，藏到一个你看不到的地方。当某天，你路过你买这本书的书店时，你是否又会情不自禁地想起粉红色的大象？那好吧，那就干脆都别走这条会经过书店的路了！那如果下次你去其他的书店时，你又想到自己在另外一个书店买这本书呢，该怎么办？好，于是你转移注意力去看电视，结果打开电视，正好碰到一个动物类的纪录片节目，这是否又会让你想起粉红色大象呢？那你就再也不看电视了？

由此我们可以得出什么结论呢？我们想方设法去逃避某个想法或者某种感觉，不能想这个，不能想那个，其实力的作用是相互的，当我们这样做时，反而事与愿违，获得了相反的结果：我们越是避免去想，反而越容易想起，与此同时，我们的精力也被大大消耗！

此外，在避免任何与这种思想或感觉有关、会让我们产生联想的东西时，我们其实也在不知不觉中禁锢了自己的视野……

（参考资料：法国心理学家本杰明·施隆多夫（Benjamin Schoendorff）[1] 的著作《直面痛苦：放弃无用的斗争，选择"接纳与承诺疗法"》（2009 年）

人生是一辆公共汽车

本杰明·施隆多夫在他的著作《直面痛苦：放弃无用的斗争，选择"接纳与承诺疗法"》中提出了一个惟妙惟肖的比喻，他将人生比作公共汽车，我们每个人都是司机。每一段新的人生旅程开启，我们都会迎来不同的乘客：我们的思想、情感、身体感受……有些乘客富有教养，惹人喜爱，作为司机，我们非常欢迎这样的乘客；但是也有一些乘客，全身臭气熏天，还虎视眈眈地望着四周……但我们也不能因此就把他们拒之门外。

1　作为一名心理学家和心理治疗师，本杰明·施隆多夫是将"接纳与承诺疗法"（Acceptance and Commitment Therapy，简称 ACT 疗法）引入法国并加以推广的重要先驱之一。他主要从事人脑科学相关的研究，旨在认识大脑如何学会"接受"的过程。

如果他们要在车上大吵大闹，那该怎么办呢？

如果你告诉他们不要大声喧哗，而是到后面找个位置坐下来，他们反而会抬高音量，更加肆意地吵闹；如果你试图把他们赶下车，他们只会拒绝，最后还会引起一番打斗；如果你想向那些看起来似乎更加友好一点的乘客寻求帮助，同样是徒劳的，因为他们往往比这些不安分的乘客更难对付，他们总是斤斤计较、寸步不让……

既然如此，直接接受他们的存在不是更明智吗？无论如何，不能改变的事实是，他们已经在我们的公共汽车上了！除非你做好准备应对即将发生的暴力打斗，否则，想要以武力强迫他们下车是不可能的！

所以，我们可以避免争吵打斗，而是心平气和地好好观察观察他们，满怀善意地欢迎他们，邀请他们就坐，给他们腾出空间。最后你会发现，这些看起来面目狰狞的乘客其实并没有那么可怕！

在漫长的一生中，我们要经历的痛苦数不胜数。当一些事情在我们看来非常"不公平"的时候，我们便会觉得人生太过艰难，可我们没有进一步思考："为什么是我？""为什么事情又会这样？"

在这种情况下，"接纳"这个词，不仅无法让我们的内心得到平静，反而会激起我们强烈的不满："我无法接纳，这太过分了，太不公平了！"

从语言学的角度来讲，"接纳"一词具有被动的含义，比如我遵从神的旨意，又或者，对不信神的人来说，我听从命运的安排，等等。

世俗一点来说，"接纳"意味着放下与既有事物的斗争，这些已然存在的事物包括某种处境，以及与之伴随的某种情绪或某种想法。放下武器，停止战斗；它是什么，并不重要，关键是去感受它的存在，试着去接纳它。这样做也许一时半会儿无法完全治愈伤口，但至少这支"药膏"可以帮助我们慢慢修复伤口……

埃米莉和克莱芒的故事

埃米莉今年 48 岁，是一名售货员。她与丈夫克莱芒结婚已经十九年了，育有两个孩子，分别是 12 岁和 16 岁。刚在一起时，小两口如胶似漆，不管干什么都黏在一起，他们对未来的生活也有着共同的愿景。当孩子们还小的时候，他们渡过了一个很艰难的时期，特别是克莱芒生了一场大病，卧病在床整整一年。在此期间，埃米莉既要照顾丈夫，又要带孩子，关键是双方父母也都指望不上，他们年老体弱，住得也很远，可以说，整个家都是埃米莉在扛着。

幸运的是，克莱芒的病情慢慢好转了，但他的身体仍然很差。而且这场大病让他性情大变：他变得更加深居简出，常常觉得自己的人生黑暗无光，他变得很悲观，对生活漠不关心，听天由命。夫妻俩的幸福生活大不如从前，埃米莉觉得自己对待生活的方式开始与克莱芒有了分歧，她觉得丈夫判若两人，她都快认不出来这个跟她结婚十几年的男人了，她开始对这段婚姻的未来产生担忧。

孩子们开始进入青春期，可这并未让他俩的关系变得更加简单。在教育孩子方面，他俩很难达成一致意见，总是争吵不休。而争吵的收尾方式，大多数情况下是其中一方愤怒不已地摔门而出，或者是悲痛万分、捶胸顿足地离开。

埃米莉觉得自己每天都在对牛弹琴。她总是百思不得其解："他怎么能说出那样的话呢？简直太不可理喻了！他就是个大笨蛋！他根本就不知道我是怎么想的！而且他甚至都不让我说话！"而克莱芒则认为："真是个讨厌的坏女人！她也太咄咄逼人了吧，她以为她在我生病的时候照顾了我，她功劳最大，所以我现在就要对她百依百顺了是吧？但我不会就此屈服！我不会让她拿她的那一套来教育孩子，她完全不考虑我的想法！"

克莱芒的言辞越来越激烈，两人的争吵和分歧也愈演愈烈，逐渐升级。每次争吵过后，他们对彼此的误解都越发加深。

埃米莉和克莱芒开始逐渐疏远，他们对彼此都失去了好奇心。忽然有一天……耐心等待，我们将在本书第三部分接着讲述他们的故事！

凳子还是桌子？

——"克莱芒！你为什么把钥匙放在凳子上？"

——"我明明是放在进门的小桌上。埃米莉，你为什么觉得这是一只凳子？"

——"这就是一只凳子，因为它很小，圆形，三只凳脚。这样的大小坐着很舒服。"

——"我认为它的大小很适合用来放钥匙，放花盆或者小闹钟。它和大多数桌子都长得一样，一个托盘和三只桌脚。"

我们用不同的方式解读现实：这其实是一个陷阱，这是我们在一切人际关系中都有可能掉入的可恶陷阱。

好奇心和人际关系：探索别人的心灵……狮子在那里！[1]

"Hic sunt leones"（狮子在那里）这句神秘的拉丁语其实是用来形容非洲大陆上那些尚未被开发和命名的土地。而对我们来说，别人的内心（他的目的、想法等）犹如一片不为人知的土地，除了每个人自己心里知晓，其他人无从得知。

其实，误解和冲突之所以会产生，一方面是因为我们对彼

1　"Hic sunt leones"（狮子在那里）缘起于古罗马的游戏，古罗马统治者在征战时，每当发现地图上不为人知的地方，就在地图上标记 Hic sunt leones，过后再赋予新的名字。

此的了解太少，所以不能很好地理解对方的某些举动，而是很轻易就代入自己的猜想和主观解读；另一方面，我们以为自己已经对对方了如指掌，所以仅仅基于对他 / 她的印象，我们就对其行为进行解读。无论哪种情况，我们看到的都只是对方的某个具体行为，我们都不曾去尝试了解他 / 她内心的想法。

正因如此，我们根据自己对现实的解读或者对这个人的成见来下判断。例如，克莱芒坚持认为，埃米莉之所以现在这么咄咄逼人，是想凭借着她曾经照顾生病的自己这个事实来要求自己做出补偿，命令自己对她百依百顺。

我们有时可以遂心顺意，有时却发现事与愿违，比如当我们完全根据自己的理解来解读他人的某个举动时，其实都没想过这种理解与事实是大相径庭的。

你有没有想过，当别人强加给我们某个莫须有的动机，事实上，我们从未往这方面想过，你作何感想？在这种情况下，大多数人会觉得自己被误解了，觉得自己因为一些根本没做过的事情而横遭指责。而这会进一步让我们变得更加咄咄逼人，导致彼此战争升级，或者是仇恨越积越深，然后在某一天彻底爆发，其实到这一步，最初起冲突的原因已经被扭曲得不成样子了。埃米莉和克莱芒就是陷入了这样一个恶性循环之中。

死党的建议

假设你是埃米莉的死党，她不知道该怎么继续维持与克莱芒的关系，无比迷茫和焦虑之下，她打电话向你寻求建议。你会给她提些什么建议呢？

1. "离开他，他配不上你！"
2. "你应该忍气吞声，少说几句，至少应该避免冲突升级。"
3. "不要让步，继续反抗，他迟早会冷静下来的。"
4. "试着换位思考一下，用你希望他跟你说话的方式跟他交流。"

◆ 如果你选择第一个建议：面临如此复杂的情况，我们都可能会给出这个建议，因为它似乎是最简单的解决方案——直接离开，让时间冲淡一切，所有的痛苦都会随风逝去……但埃米莉还是牵挂着克莱芒，她始终觉得或许还有比离开更好的办法……

◆ 如果你选择第二个建议：当愤怒的情绪涌上心头，要把所有的话都咽回肚子里，可不是件容易的事。之前的种种经历已经让埃米莉明白，把怒火压制在心中并不是什么权宜之计，因为一旦机会出现，这团怒火就会像火山一般爆发出来！

◆ 如果你选择第三个建议：这就是博弈论中所讲的"以牙还牙"策略——"你攻击我，我也攻击你"。可是，这种策略

129

不但不能吓住对方，反而会导致两人关系的进一步破裂！总之，这并不能算是个好策略。

◆ 如果你选择第四个建议：祝贺你！你的建议非常中肯，你看到了人性的闪光点——跳出自己的思维局限，换位思考，为他人着想。

假如现在埃米莉听从了你的建议，我们一起来想象一下她与丈夫克莱芒之间的对话。

埃米莉会对克莱芒说：

克莱芒，当_____（出现的问题），我觉得_____（情绪），我明白你_____（转移对方注意力），但是，我觉得如果你能够_____（提出建议），一切会好很多。你觉得是不是这样？

此刻，把自己想象成克莱芒：假如你是他，听到这番话，你心里是怎么想的？如果你觉得心情有所好转，甚至有些暗自欣喜，这说明当埃米莉开始站在克莱芒的角度思考问题，事情已经开始有所改善。

你觉得接下来克莱芒会如何回应呢？请写下你觉得他可能说的话。

克莱芒说：

_____

_____

_____

_____

你觉得是什么使两个人的关系慢慢改善呢？

埃米莉决定先把她对克莱芒的成见放一边，唤醒自己的好奇心，不再胡乱猜想，而是真诚地试着去了解克莱芒内心的真实想法是什么。

你在下图中写了些什么？最有可能的是，克莱芒不再感到自己被对方攻击，因此更愿意卸下心防，敞开心扉。两人的争吵渐渐缓和，新的良性循环在两人的关系中慢慢建立起来。

让我们接着想象一下你和你的同事、孩子或者是配偶之间的某个矛盾，这个矛盾并没有愈演愈烈，而是一步一步走向缓和……

埃米莉说：   克莱芒说：

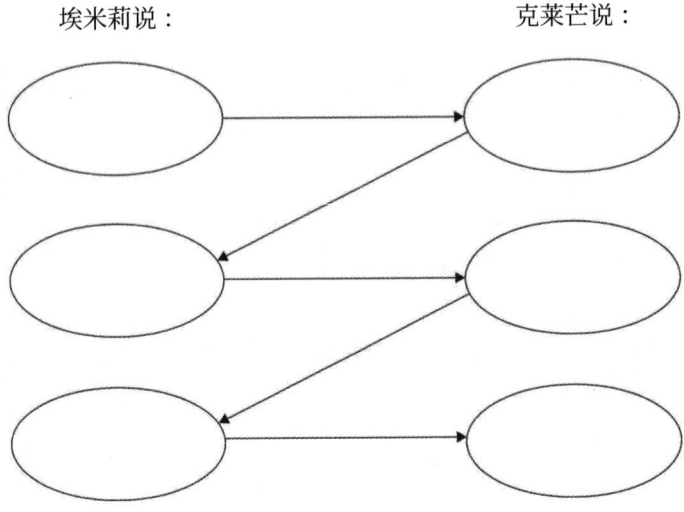

　　在生命的辞典中，"探索"与"好奇心"总是相伴而行。我们探索的对象可能是某个具体的地点，也可能是某个精神上的圣地，比如说彼此的内心。好奇心是探索的最佳盟友：如果我们带着好奇心去探索，我们可以踏遍天南地北，行至天涯海角，潇洒享受探索的乐趣。

　　也就是说，埃米莉应该放下装满成见的包袱，然后真诚地向克莱芒询问他做出某些举动的实质原因是什么，了解他的内心感受。这样一来，她便可以很容易换位思考，理解克莱芒的行为，明白他的想法。

　　最开始的时候，要做出摆脱内心"包袱"的决定需要很大的勇气，在这个过程中你也会很辛苦。慢慢地，它会变成你的一种习惯，你会开始习惯去换位思考。

准备好一起去探索那些尚无人涉足的地方了吗？在本书第三部分，将有私人导游带着我们一同前往！

让地球绕着我们转：缺乏理性的自命不凡

人们总是希望万事万物都按照自己的方式存在与发展，因为我们有时觉得适应环境太难了，所以转而认为应该由环境和他人来适应我们。"我才没这么想，我又不是一个被宠坏的孩子！"没错，我听到你内心的反驳了！事实上，我们可能比自己想象的更容易产生这种期待。我们之所以自以为是地想让世界来适应我们，本质上是由于我们在不断给自己施压。例如，我们千方百计地谋求职位、找寻爱情、获得尊重……换句话说，我们竭力让一切都按照我们期待的方向发展！这种自命不凡的心理也会影响我们的人际关系，埃米莉和克莱芒的例子就很好地说明了这一点。

请通过下面这个表格来对你的想法进行评估，选择符合你的描述以及它出现的频率（从不 / 很少 / 有时 / 经常）：

想法	从不	很少	有时	经常
1. 我总是想给所有人都留下好印象				
2. 我总是对自己说：我必须（换工作、赶超别人，等等）				

想法	从不	很少	有时	经常
3. 我总喜欢评论别人或自己（比如，他真笨；他真没用；我一文不值；等等）				
4. 我受不了别人不按我的意愿或者我觉得正确的方式来行事				
5. 如果我深爱某个人，我就要千方百计获得他/她的爱和关注				
6. 如果事情没有按照我期待的样子发展，我会觉得很难过，很难接受				
7. 我赢得一场网球比赛的本质就是可以向所有人证明我的价值				
8. 我必须实现我的目标，如果失败了，我会很难过				
9. 我觉得我的生活不能没有我的伴侣/父母等				
10. 我无法忍受失败，因为我担心一旦失败，别人就会不在乎我，我无法承受这样的后果				
11. 我必须取得好成绩，获得我在乎的人的关注，否则我就会觉得自己很差劲				
12. 别人必须按照我期待的方式对待我，否则他们在我眼里都是坏人，一点都不公平，不值得我这么在乎她/他				

想法	从不	很少	有时	经常
13. 我的生活必须按照我期待或预料的方式开展，我无法接受生活中的变数，一旦生活出现变数，我就会认为自己不会再幸福了				
14. 我必须时刻表现出我很勤奋、我很能干、我是有价值的，否则我就会被人忽视				

对埃米莉和克莱芒来说，他们都有下面几种想法：

第 3 种想法：埃米莉怒火中烧，她觉得克莱芒不能理解她，克莱芒非常无能，于是她用犀利的言辞来奚落克莱芒："超级大混蛋"。而对克莱芒而言，他觉得埃米莉是个讨厌的坏女人，现在他心中对埃米莉的印象全都是她那咄咄逼人的样子。

第 4 和 6 种想法：对埃米莉和克莱芒来说，他们都觉得很难接受对方的想法与自己不一致，所以当对方的行为跟自己的期望有出入时，他们觉得很不舒服。

第 12 种想法：埃米莉和克莱芒都无法接受彼此对待对方的方式：埃米莉不理解为什么克莱芒总是站在她的对立面，克莱芒则是基于自己的一系列假想来判定埃米莉的态度。就是因为这样，两人之间的摩擦越来越多，矛盾越积越深……于是爆发冲突在所难免。

这些想法有没有让你觉得似曾相识？通过上面这个评估，你可能会发现这些想法的确在你头脑里出现过，不要惊慌，这很正常，但是，如果这些想法过多、过于频繁地在你头脑出现，它们不仅会对你的人际关系产生不利影响，而且会妨碍你的好奇心及探索。换句话说，当这些想法出现时，我们自己并没有意识到原来事情的发展也可能完全背离我们想象或期待的发展方向。学会开放，充满好奇是不是让你感觉有点喘不过气来？该怎么唤醒这种开放和好奇的心态呢？

当你读到这里，你或许已经意识到：

◆ 未知并不一定就是劣势，如果我们带着好奇心去探索，未知或许能让我们保持一个全新的平衡，有时候它比已知的体验要更加精彩。

◆ 当我们思考时，我们或许会犯一些思维错误（受到"妖魔鬼怪"的侵扰），它让我们痛苦不已，还可能会阻碍我们的好奇心。

◆ 当我们换一个角度，即怀着好奇的态度对待我们的生理和心理疼痛时，这种疼痛可能会慢慢减轻，最后甚至消失。

◆ 我们有时会产生一些不切实际的期待，它破坏我们的生活，而且正因为此，我们可能很难再对生活中发生的事情做到随机应变、开放包容。

并非一切已成定局：大脑的可塑性

此刻，你或许会对自己说："你说的都很对，但是我现在有很多根深蒂固的习惯！要想改掉这些旧习惯，接受新的一套太难了！"然后你开始下结论："无论如何，要我改变自己是不可能的！"你的这种反应很正常，这也是我们大多数正常人都会做出的反应，我们都会把做出改变看成要翻越一座不可逾越的大山。这会让人感到很沮丧，让人随时想要放弃："我无论如何都做不到，我根本就不应该开始！"于是，我们任由自己被生活牵着鼻子走，所有人都被拖到同样的高速公路上，忍受着痛苦与煎熬。概而言之，你对自己说："我的习惯都已经根深蒂固了，我无法再改变它们……"

我有个好消息要告诉你，那就是"大脑的可塑性"，这个概念最早是在五十多年前在英国诞生的。它的出现把你从"宿命论"或"失败主义"的陷阱中解救出来，它一遍又一遍地告诉你：并非一切都已成定局！你的人生由你自己慢慢书写！你可以自己开辟一条又一条新的"高速公路"！

为了开辟新的"高速公路"，找出"最佳路线"（即能够让我们与世界进行有益沟通的道路），我们的大脑需要保持灵活性。例如，当我发现自己刚走的这条新路线比以往走的任何一条路线都要快捷，我便可以决定用这条新路线代替原来的路线。与人相处也是如此！当我们对一个朋友的了解不断加深时，我们会习得对方的一些行为习惯，以确保我们能够积极地互动交流：我们该说什么不该说什么，该做什么不该做什么。这种习得通常是通过不断尝试、不断犯错、不断改正来实现的。一开始，我们的行为都是自发性的，渐渐地，我们会根据朋友对各个行为的反应来校正我们的行为，在选择一些新"路线"的同时，放弃一些原有"路线"：为了让人际交往得以正常继续下去，我们开始学会规划自己的行为，清楚地明白哪些行为得当，可以保留；哪些行为不妥，需要摒弃。

高速公路还是羊肠小道？我们的大脑切换自如。

基于生活经验，我们的大脑可以开辟出不同的新的道路，以便更好地适应变幻无穷的现实：这就是"大脑的可塑性"。在一个习惯的养成过程中，我们的大脑也会生成形形色色的线路：羊肠小道、普通公路、高速公路……这些大大小小的路线相互交织串联，让我们的大脑变得更加强大。

这些高速公路上的"老司机"该怎么办？

尽管我们的大脑可以生成一个异常强大的"路线网"，但对那些"高速公路"上的"老司机"（这里指的是那些长期以来只走同一条路的人）来说，他们是否还能更换自己的路线呢？答案是——能！原理很简单，如何选择路线是能够习得的。当我们产生一个新的行为时，我们大脑中一条条的神经通路也在慢慢搭建交织，形成大脑神经网络。起初这种线路关联可能很弱，需要我们不断激活，不断关注它。

假设你正在上你的第一节网球课：每一个动作，你都做得小心翼翼，因为你不能把球扔歪了。你一遍又一遍地重复着相似的动作，于是它在你的大脑中形成固定的路线，你越长时间地重复，大脑的记忆就越深刻，这些路线也不断延长，最后交织串联。你的训练时间越长，你的动作就会变得更加自然流畅，慢慢地，你甚至都不需要分配过多的注意力，就能够自动化地完成好每一个动作。

心理上的习惯也是如此：我们越这么想，就越容易习惯性地这么想。比如，我们对自己或配偶评头论足，对别人恶语相加，所有的"妖魔鬼怪"都找上门来。我们一旦形成这样的心理习惯，就会觉得对自己或配偶评头论足也没什么可奇怪的，把自己的想法强加于人也没什么错……因为这已经成了我们的习惯。

回到网球课的例子：如果教练建议你变换位置，以便更灵活地接球发球，你心里有什么感受？或许你更希望教练在你完全习惯现有的位置之前就提前跟你打好招呼？或许你觉得自己根本无法再变换位置了？不管怎样，你都不得不开始练习适应新的习惯，通过反复练习，这些"记忆小径"也将逐渐成为新的"高速公路"！

也就是说，旧习惯会时不时地回来找你，这很正常。伴随着新习惯的养成，旧习惯也会慢慢被替代，逐渐淡出你的生活。在这一点上，我们要感到庆幸，庆幸我们的大脑是有可塑性的！接下来，我们即将进入本书第三部分，一起去了解如何运用和调动我们的好奇心！

第二部分小结

◆ 因为好奇心，我们的"体内发动机"得以重启，之前由于抑郁发作和低落情绪的影响，这个发动机暂时熄火了，现在它即将重新启动！

◆ 因为好奇心，未知事物不再是前行道路上的障碍，也不是所谓的灾难（老人和他儿子的故事还记得吗？），而是我们开展变革、获得新生的契机。

◆ 因为对我们的思想产生好奇，我们得以更好地观察它，走出我们习以为常的"心理高速公路"，挣脱习惯思维的禁锢，开辟全新的道路，避开对生活的错误解读以及由此产生的痛苦，向那些"妖魔鬼怪"彻底告别！

◆ 因为对我们自身、我们的情感以及感觉产生好奇，我们得以直面我们遇到的痛苦，生理上的或是心理上的，让这些痛苦在我们驾驶的"公共汽车"中一一就座，结束对抗，真诚地接纳它们。

◆ 因为好奇心，我们的人际关系得以改善，我们更容易接纳他人，不再囿于成见、活在自己的猜疑之中。

第三部分

成人的好奇心如何才能复活：实践与训练

如何更好地处理"选择性概括""消极预期"和"慢性悲伤",是复活成人好奇心的关键所在。这部分列出了1份清单、3个练习技巧、7种具体方法,手把手教你改变不合理的认知,激活好奇心。正如古语所云:自己动手,丰衣足食。改变从现在开始!

这部分是专门为你准备的，你将通过一系列实践训练，唤醒和培养好奇心，包括对你自己的好奇（没错，你值得对你自己感到好奇）、对他人的好奇，以及对周围世界的好奇。你可以把它当成一个练习册、一本笔记本、一份自我评估表，或者一份备忘录。总而言之，请尽情享受吧！

首先，我们将通过一系列练习来释放你天生的好奇心，其实，这颗蕴含着许多惊喜的小种子此刻就藏在你身体的某一处，接着，我们将带你探索如何让好奇心这位"睡美人"重新焕发活力，如何让它进一步提升你的生活品质。

放下你的犹豫，抛掉你的成见，不要再优柔寡断了！现在，立刻，马上，跟我一起开始训练吧！

突破好奇心的障碍

你还记得我们在本书的第二部分遇到的桑德琳娜和莱昂内尔吗？桑德琳娜失业了，莱昂内尔自从退休后，身体每况愈下。他们两人的共同点是什么呢？是的！他们两个都郁郁寡欢、遭遇人生危机、减少外出经历、慢慢陷入自闭，他们的悲伤呈现出"慢性化"的趋势。

在本书第二部分，我们还介绍了安娜的经历，她随着丈夫搬到伦敦，却十分抗拒伦敦的生活，开始回避身边的人和事物。随后，我们还讲述了埃米莉和克莱芒的故事，夫妻俩争吵不休，他们的婚姻陷入深深的危机之中。

安娜、埃米莉和克莱芒的问题主要在于他们有一个"想太多"的大脑，他们总去模拟一些灾难性的场景，对生活展开消极预期，预设一些缺乏理性的期望……在这种情况下，好奇心都不敢走进他们的生活。

"慢性悲伤"和"认知扭曲"——这是我们在本书前两个部分介绍过的两个概念。请牢牢记住它们！前面已经讲到，慢性悲伤的"流沙"和屡屡打扰我们生活的"妖魔鬼怪"是阻碍我们宝贵好奇心的两个主要因素。

那么现在，在本书第三部分，我们将开始付诸行动！

首先，我们将学会如何打破"慢性悲伤"的恶性循环，避免被"流沙"越陷越深……而拯救我们的安全网就是好奇心！

然后我们再一同走进那些阻碍我们好奇心的"妖魔鬼怪"的世界，揭开它们的面纱，把它们打回原形。此时，我们必须再次唤出我们美好的品质——好奇心，仔细打探打探这些侵扰我们生活的"妖魔鬼怪"，探索出不同的道路，让好奇心重新伴我们成长。

情绪、感觉和想法的重要性

我们会反复提及"情绪""感觉"和"想法"这三个概念，要区分这三个构成我们生活（心理和生理两方面）的重要元素并不容易，它们经常融为一体，并无二致，人们也往往容易把它们混为一谈。为了让我们的训练更好地进行，我们有必要对这三个概念进行区分：

◆　情绪

情绪产生于我们对某个处境的感知，我们产生何种情绪，取决于我们对处境做出何种解读。情绪分为内化和外化两种表现：内化是指我们内心的感受，外化则包括我们的面部表情、哭泣、攻击或逃避等。科学家一致认为，与生俱来的基本情绪主要有六种：恐惧、愤怒、悲伤、厌恶、喜悦和惊讶。同样存在的，还有在儿童时期开始逐渐产生的二级情绪，例如内疚、羞耻，以及由其他各种基本情绪混合而成的情绪——怀旧。

◆　感觉

感觉是指人通过各种感觉器官收集和接受外界信息：紧张感、刺痛感、热感、新鲜感、负重感、腹部的压力感、胸部的紧绷感……我们感觉到的一切信息都是由我们的身体输送的。

◆　想法

想法是当你闭上眼睛时，在心头涌现的一切。它是我们与自己进行的内心对话："今天晚上该干点什么呢？""糟了，我忘记发邮件了，那好吧，我晚上就先写邮件吧！""会议什么候才能结束啊，我快受不了了！"有时候这种对话会更加激烈一些："我一定要向同事证明我的能力，我一定要做一个漂亮的工作展示！""我这样做实在是太蠢了！""我不该一意孤行这么做的，现在这一切都是活该！""太棒了，我干得太漂亮了，我要好好放松一晚上！"

情绪：是盟友还是敌人？

情绪是我们生活的一部分，或许你会说："但它占的比重太大了！"的确，大家总是会讨论"情绪管理"或是"情感问题"。情绪总是给我们生活增添各种各样的麻烦，以至于有人会说："如果我是个没有情绪的木头人就好了！"

有时，情绪是可怕的：我们害怕自己被悲伤浸没，被愤怒压倒……所以，最好的办法就是回避它们，转移注意力，假装什么也没发生。这就是我们内心产生某种情绪时通常会有的想法。那么，面对这些不但似乎毫无用处，甚至会降低我们幸福感的情绪，我们为什么还要产生兴趣，对它好奇呢？情绪对我们而言，究竟是盟友还是敌人？如果它是盟友，那么加深对它的观察和了解，有助于我们从这个联盟中获得利益；如果它是敌人，我们便可二话不说，迅速撤离！

现在，让我们带上好奇心，一起来揭秘人类的六种基本情绪，探索每种情绪各自的功能：

恐惧	假设你正在过马路，刹那间，有一辆飞速行驶的汽车朝你开过来，你的心跳飞速上升，你瞪大双眼，目不转睛地看着这辆汽车。你感到恐惧！你会本能地躲开，是你的恐惧让你能够迅速采取行动来避免身体受到任何伤害。同样地，我们之所以会对某个事物产生恐惧，是因为我们从心理上觉得这个事物对我们构成威胁，因为我们还没有做好准备要如何防御这个潜在的威胁。比如说，我们会害怕某场考试，或是害怕在公众场合发言，这与我们害怕被车撞是同样的道理，我们不仅害怕真实的危险事故，还害怕失败。
愤怒	假设你现在要去上班，送孩子去上学，可你的孩子不愿去上学。于是你体温上升、皮肤涨红、呼吸加促、心率加快、肌肉紧张——你生气了！你只想快点出发，越快越好，可你的孩子却不配合。在愤怒情绪的驱使下，你对孩子施加威严，让他服从你的指令。你在捍卫自己的"领土"！你是否留意过，有一些动物在发泄怒气时会有夸大的行为表现，比如将浑身羽毛都竖立起来？同理，你可能会加大跟孩子说话的音量，甚至采取一些粗鲁的举动。

悲伤	你刚和恋人分手，什么也不想做，只想摊在沙发上一动不动。你在头脑里思考着这段刚刚结束的恋情，想着到底是什么原因导致两个人分手。你的表情极度悲伤，悲伤到你还会忍不住哭泣。但是，难过之后，你还是需要重新恢复元气，停下来梳理一下自己的生活，想想未来的日子怎么继续。悲伤情绪会驱使你重新恢复元气，总结经验，拥抱新生活。你痛苦的表情会让身边的人明白你的悲伤，从而给你提供帮助，给你鼓励，陪伴你左右；或许你并不需要他们的帮助，而是更愿意一个人安静地待着。不管怎样，我们需要清楚的是，悲伤情绪的流露往往能够为我们送来他人的帮助和关怀，这就是悲伤的功能。
厌恶	假设你刚刚不小心吃了一口腐烂了的水果，我能想象你此刻的表情：你皱着眉头，立马就把烂掉的水果丢了，还把嘴巴张得很大。这种厌恶的情绪导致你不再敢吃放在冰箱里超过一周的水果，它让你在遇到任何有害事物时，都第一时间躲得远远的，比如吃了可能会生病的食物，或者会对你造成伤害的人、行为和情形。
喜悦	假设你刚得知你获得了盼望已久的升职，你觉得自己现在浑身充满能量，体温上升，感觉自己仿佛变成一个全能王，就算是要像愚公一样移山也不在话下。的确，当我们感到喜悦时，我们会觉得自己无所不能，可以轻易攻克那些平时让我们束手无策的难题，可以战胜内心的恐惧，很清楚地知道什么对自己是重要的。回到我们刚才的假设，得知自己升职后的你，是不是恨不得要向全世界宣布这个好消息？这就是喜悦情绪的力量，它强化了我们与他人的联结，让我们变得更加乐于分享。

惊讶	假设今天是你的生日，你现在准备回家去和你的丈夫（或妻子）和孩子们一同庆祝。如往常一样，你用钥匙开门，门开了，但是屋里的灯都是关着的，没人在家！不一会儿，灯亮了，伴随着"祝你生日快乐……"的歌声，你的家人和朋友们都一起从沙发后面走了出来。是不是很惊喜！你吃惊地张开了嘴巴，两眼瞪得溜圆一眨也不眨，心扑通扑通地跳，手心也一直在冒汗……你在努力适应这意料之外的惊喜，你来不及分辨这个惊喜是喜还是忧，因为此刻你的大脑全被一种情绪控制，那就是惊讶！

我们的每一种情绪都有一份特殊使命，在我们的生活中扮演着某个角色，控制我们的身体做出适当的反应。经验表明，有时候我们的情绪不但对我们毫无用处，反而会妨碍我们的生活。你可能想起大学时候的某次考试，你如坐针毡，因为你一道题也答不上来；又或者你想起你经历过的另一个场景，当时你很愤怒，说了很多后来让自己悔恨不已的话；再或者，你想起某个让你撕心裂肺的时刻，当时你对生活感到彻底绝望。

你想得没错，情绪并不总是我们的盟友……

情绪"升温"，还是情绪"沸腾"？

认知行为治疗师对"功能型情绪"和"混乱型情绪"进行了区分。但是，我们要如何判断我们的情绪是前者还是后者？是"好"是"坏"呢？

你有区分"好"情绪和"坏"情绪的标准吗？把你的想法写下来！

_____

_____

_____

_____

_____

试着回忆一下那场让你如坐针毡的考试，你上一次对家人大发雷霆的场景，或者让你觉得自己的整个人生都付之一炬的时刻。停下来，好好回忆一下当时你的情绪到底有多强烈？是不断升温？还是沸腾？

或许你会意识到，如果你只是感觉头脑发热，情绪升温，你至少还是能够完成考试、写完卷子的；如果你的情绪已经达到沸点，那你可能只能交白卷了！再打个类似的比方，当你度过美好的一天回到家里，你的孩子把你惹怒了，你会感觉到情绪在燃烧升温，但一切都还在可控范围之内；如果本来你这一天就过得很不顺利，回到家后孩子也不让你省心，那么你的这种愤怒情绪就会愈燃愈旺，最后彻底沸腾！

在日常生活中，你即使有时难过悲伤，也始终不忘初心，相信生活中积极的那一面。一旦悲伤情绪达到沸点，开始"沸腾"，它就会把你完完全全地禁锢住。此时你的情绪已经达到最高温，你再也找不到出口了！

其实，拥有哪一种情绪并不重要，拥有的情绪到了何种程度（"温度"）才是问题的关键。当我们的情绪只是"不断加热升温"时，我们轻易就能感受到它的存在，它并不具有威胁性，我们可以慢慢靠近它，接纳它，怀着好奇心去观察它。相反，当它"沸腾"时，我们必须撤离！不过，或许好奇心可以帮助我们给沸腾的情绪降温？怎么降温呢？

当情绪"沸腾"时，该如何给它降温？

正如我们刚才所说，问题不在于情绪本身。比如说，当我们感到悲伤时，当这种悲伤只是"不断加热升温"时，其实它刚好给我们按下了一个"中场休息键"，让我们好好休息一下，重拾活力。真正的令人担心的是，这种悲伤一直持续"沸腾"时，连着好几个月也不停歇，慢慢将我们对生活的希望烧为灰烬……此时，我们正慢慢陷入"慢性悲伤"的流沙中，而这正是好奇心的头号敌人！

如何给情绪"降温"呢？接下来，我们将通过一系列练习来唤醒我们的好奇心。如果说"慢性悲伤"是好奇心的头号敌人，那么好奇心其实也是"慢性悲伤"的神奇解药！

让"发动机"重新启动

"在隆冬，我终于知道，我身上有一个不可战胜的夏天。"

——阿尔贝·加缪

人生变化无常，我们每个人都可能会经历艰难时光：亲友逝世、痛失心爱之物、生活变得拮据、社会地位下滑……我们由此感到悲伤，整个人无精打采、一蹶不振、毫无生机……其实，生活中的有些变化本质上是积极的，比如喜结连理、喜得贵子、升官发财等，可是这些变化也会导致一些人失去其原本拥有的事物，不得不适应新的生活角色：妻子、母亲、领导等。

我们或许也会感到空虚与孤独，觉得似乎没有什么能让我们为之欢喜，我们做得太多了。终日迷失在生活旋涡里的我们不曾意识到，我们对自己要求太多，诉求不满，活得像一只只不断加速旋转的陀螺……直到我们的"发动机"出现故障！

有时，不管生活节奏是快是慢，我们是不是总在一味地优先考虑别人的感受，考虑我们的工作、我们的家人、我们的责任与义务，而忽略了我们自己的快乐？

你是不是也是这样呢？

我们感到空虚的原因各种各样：遗失心爱之物、痛失至亲挚爱、生活变故、生活艰辛、劳累过度、"责任"与"快乐"的天平失衡……不管哪种原因，最后的结果都是一样的：我们的

"发动机"出现了故障。

如何让"发动机"重启呢？如何找回对生活的渴望与乐趣，重新找回好奇心呢？根据你以往的经历或直觉，也许你头脑里已经有想法了？

选出最符合你的策略，然后再阅读后面的解析！

要想重新焕发活力，燃起对生活的渴望和兴趣，最佳策略是什么？

1. 只需静静等待，生活的渴望会自己重新出现的。

2. 第一种策略完全是在给自己的懒惰找借口，怎么可以就这样任由它发展而什么都不做呢！我们不能纵容自己，必须推自己一把，主动出击，找回对生活的渴望，重新拥抱生活！

3. 就算我们不想走出困境，什么都不想做，我们也应该努力找寻生活的渴望，怀着善意与自己相处，欣然接受曾经经历的苦痛。

◆ 你选择策略1？

你说得有道理，随着时间的推移，"渴望"或许会主动回归生活。你为逝去的人和物感到悲伤，筋疲力尽过后，你放慢了生活节奏，渐渐开始更多地关注自己，你对生活的渴望会在不知不觉中回归，那时你会觉得自己重新获得了满满的能量。有时你一连几个月都看不到积极的变化，你或许已经彻底失去了对生活的渴望；可是有时候，当你对生活丧失动力、觉得筋疲力尽的时候，生活的渴望可能又回来了。如果你遇到的是第一种情况，在很长一段时间里（4~6 个月），任何积极的改变都没有发生，你该怎么办呢？

◆ **你选择策略 2？**

你在某种程度上是对的。你觉得就算内心不情愿，我们也应该激励自己采取行动来改变现状。其实更多的时候，当我们感觉生活不如意时，我们可能懒得连一根手指头都不想动！懒惰只是我们问题的冰山一角！真正的原因是我们所忍受的痛苦压得我们无法动弹。过度严于律己，对自己做出一堆负面评价并不能帮助我们恢复活力……当我们严厉批评自我时，我们心里的感受是怎样的？这样做究竟让我们的元气值提高了，还是下降得更多了呢？我们一会儿会继续讨论这个问题。

◆ **你选择策略 3？**

完全正确！不过，你有没有发现策略 2 和策略 3 之间的共同点？这两个策略都主张主动出击，找回生活的渴望，而不是守株待兔，期待生活的渴望自己回归。当我们感到悲伤、乏力和空虚时，我们对生活的渴望也在一点点被吞噬，因此我们不能期待它永远都存在。

那么这两个策略有什么不同之处呢？对待自我的态度。策略 3 主张我们接纳痛苦，但并不意味着我们什么都不做，而是我们在接纳痛苦的同时，积极寻找生活的渴望，怀着善意与关爱对待自己，以豁达之心面对苦难。总的来说，策略 3 其实是结合了前两个策略的一个折衷之策。

"生活的渴望，你究竟在何方？"

正如前面所说，与其坐以待毙，等待渴望回归，不如主动出击，积极寻找渴望。但是，它究竟藏在何处呢？这才是问题的关键！

当你要寻找一件丢失的物品，或是久未联系的朋友时，你会先从哪里开始找？从你最后一次看到它／她／他的地方！要寻找丢失的东西，你可能会从抽屉的某一角开始找；而要找人，你或许会从她／他家或者是她／他经常光顾的场所开始找。

让我们也用同样的思路来寻找对生活的渴望，它最后一次出现以及经常现身的地方，把我们的好奇心动员起来！

什么活动在你看来是有趣好玩，能让你特别渴望参加，还不会觉得疲劳和无聊的？把它们列出来！

_____

_____

_____

_____

_____

_____

_____

_____

_____

_____

_____

_____

　　如果你实在没有想法，或者你觉得你想出来的活动太复杂，你可以选择一项之前你参加过，觉得很有趣且可行性强的活动，你也可以直接在下面这个清单中选择一项。你可以从简单的活动开始，比如喝咖啡、看孩子们嬉戏玩耍……这些活动没有高低优劣之分！关键是看你有没有兴趣，你至少每天要选择一项活动进行。

　　活动选定之后，请你带着好奇心，开始对这项活动进行探索，就好像是你第一次参加这项活动一样。唤醒你的全部感官：视觉、听觉、嗅觉、触觉和味觉，试着真正地融入这项活动之中，感受你的存在。（关于这一点，我们随后将详细讲解它的训练指南，通过训练，你可以逐渐提高感官的灵敏程度。）

　　活动进行过程中，切记一定要保持与自我的交流：带着好奇心去体会观察自己的身体感受、情绪变化和思想活动。最后，当你每一次如约执行日程安排中的计划时，千万别忘了祝贺自己！

日常活动清单

给家里粉刷墙壁	学习一项实用的工作技能	去迪厅跳舞
写一首诗	和宠物（猫/狗）玩耍	做个植物标本
参与组织一场聚会	邀请一个朋友一起共进晚餐	去打保龄球
去看电影/看戏	换一套优雅的着装	报名参加一个俱乐部
做一次美容护理	写一篇日记	翻看过去的照片
玩拼图	复习功课/完成作业	参加一次小组讨论
打牌/下象棋	欣赏星空	吃一次冰激凌
弄清楚某个东西的工作原理	去滑雪	去市中心溜达溜达
参观动物园/水族馆	进行一次徒步旅行/做一次运动	去商场购物
邀请朋友来家里做客	织毛衣	猜一个谜语
讲一个故事/笑话	祝贺别人	听广播
梳头发	看一场喜剧/看一场俱乐部歌舞表演	加入一个政治团体/协会
练习瑜伽/冥想	报名某个课程	买书/买衣服
欣赏商店橱窗	完成某项忘记做的事情	整理与收纳
给别人写邮件/发短信	在干净的床单上睡觉	泡澡/淋浴
做一个蛋挞	管理自己的财务	踢足球/打网球
训练五官，每次训练一种	微笑	精心装扮餐桌
把某个人紧紧地搂在怀里	泡茶/泡咖啡/泡热巧克力	听雨声/在雨中漫步
给别人买/做礼物	躺下来晒太阳	自己动手做一个礼物

日常活动清单		
和孩子一起玩	遛狗	涂身体乳
学习一种装置如何运行	给自己按摩	给别人按摩
睡一下午	拜访亲戚	认真倾听别人
去购物	买一束花/买一个盆栽	去游泳
DIY手工	喝咖啡	和有趣的人约会
学习一项运动	帮别人做一件事	做一次志愿活动
参加互助小组	计划一次旅行	参观一个漂亮的城市
参加一次聚会	读一本书	听音乐
看一部电影/看一场比赛	到公园散步/亲近大自然	做饭
骑自行车/慢跑/健身	游泳	看孩子们嬉戏玩耍
弹奏一种乐器	给朋友/亲戚打电话	看日落/日出
画画/涂鸦	唱一首你喜欢的歌	给爱人写一封信
上舞蹈课	听一场讲座	参观博物馆
去图书馆	去酒吧/下馆子	做放松运动
赞美他人	听一场音乐会	看一场喜剧
捡落叶	买鞋/买包	去野餐
照料阳台上的花	修理某个东西	……

"如果我什么都不想做，该怎么办？"

如果你觉得自己还没有准备好开始做某件事情，你也完全不必觉得难为情！因为这正是我们要帮你解决的问题！等待生活的渴望重新燃起或许需要很长的时间，如果你感觉自己缺乏活力、精神不济，你可以从简单的事情开始入手，你不需要在上面耗费过多的精力，只需把它当作你日常生活的一部分即可！

简言之，你既不应坐以待毙，什么都不做，也不能操之过急，强迫自己去从事一些极其劳神费力的高难度任务，你需要在这两者之间找到一个合适的平衡点。

"如果我还是什么都不想做，该怎么办？"

几次尝试过后，即使生活的渴望仍然没有回归，你也不必感到担忧。你应该告诉自己，你所做的尝试是有益的，即使目前尚无成效。其实，你的每一次尝试都把重启"生活发动机"的开关往正确的方向扭动了一圈，你不能气馁，而应该坚持下去。

你之所以会觉得没有什么实质性的改变，还有一种可能是因为你不再懂得倾听自己（甚至你从未试过做你自己的倾听者），你觉得自己并不是一个有趣好玩、魅力四射的人，你对自己失去了好奇心。当我们失去对自己的关注时，我们的感觉、情绪和想法都会开始紊乱！所以，请跟着我们一起进行恢复训练，一、二、三……深呼吸（欲进一步了解训练指南，请往下读）！用心体会你的感觉、情绪和想法。

生活的天平

前面已经讲到，你会失去好奇心，是因为你失去了生活的平衡，你在"想做什么"和"该做什么"之间摇摆不定，你在"让你快乐、满足、获得身心愉悦的事情"与"让你体力透支、身心俱疲的事情"之间备受煎熬。

在日常生活中，要保持这种平衡，给每件事情分门别类、加以区分并不是件容易的事情。有些事情我们可能一开始毫无兴趣，需要我们下很大的决心才去做，做的过程中要耗费很多精力，可是完成之后我们又会成就感爆棚。比如说健身！生活并不是二元对立的黑白世界，没有什么事情是绝对"有趣"或"无趣"的。但在实际生活中，我们的天平总是会多多少少地倾向于某一边。

我们每天做的事情或参与的活动主要分为两类："充实型"和"放空型"。所谓"充实型"活动，是指能够给我们的生活带来正能量和积极情绪的活动，它充实和滋养了我们的生活。此时，生活的天平会倾向"蓄能"一方。而"放空型"活动，指的是那些会耗光我们的能量、把我们彻底掏空的活动。在这种情况下，生活的天平则会倾向"耗能"一方。

你可以从今天开始（或者你自己再选一天开始），把你一周之内（选择五天，或更多）所做的事情记录下来，把你醒来到入睡的所有事情都包括在内。列出表格之后，你再给每件事情进行分类，"充实型"标上"N"或者"加号"，"放空型"标上"V"或"减号"。你也可以对事情的不同程度进行区分，比如"N/NN/NNN"或者"V/VV/VVV"。

　　然后把你标记的"N"或"V"都放入下图的天平中，结果是哪边更重呢？一周之中，你的天平能够维持几天的平衡？

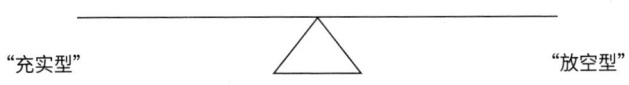

"充实型"　　　　　　　　　　　　　　　　"放空型"

　◆ 天平倾向左侧——"充实型"？

　　非常好！你通过参加各种充实的活动，巧妙地填补了生活的空虚。你的生活充实而丰富，你的人生很有质感！

　◆ 天平保持平衡？

　　不错！你成功地维持了活力值的平衡，生活中你有时活力四射，过得无比充实；有时也迷茫无力，度过空虚的时光。总之，继续保持警惕，维持这种平衡吧！

　◆ 天平倾向右侧——"放空型"？

　　别担心！你能认识到这一点已经算是迈出了重要一步。你会发现，在标上很多"减号"号（或"V"）之后，你的生活已经开始"赤字"了，也就是说，你"耗能"过多，"蓄能"不足。

这时候你可能过得很辛苦，因为你已经习惯优先考虑什么是必须做的和应该做的，而并非什么事情会让你觉得充实，让你感到身心愉悦。

或许你已经发现，即使你把待办事项中该做的每件事情都完成了，你期待的那种快感也不会出现，这只是你头脑里的幻想罢了。你把事情都做完了，但是天平仍然倾向于"放空型"那一边，你还是感觉身体仿佛被掏空，整个人乏力无比。

让天平保持平衡

生活中也有一些棘手的事情，我们不愿面对，却不得不面对，它们是我们生活中不可或缺的一部分。如果没有它们的存在，我们甚至无法充分体会到生活给予我们的乐趣，更无法从生活的"摸爬滚打"中收获惊喜与感动。

当天平失去平衡时，问题就来了。没有乐趣的生活，你很快就会受不了。"责任"与"乐趣"的平衡被打破了，你会开始感到无尽的空虚、无聊、乏力和疲倦，好奇心也会离你而去。或许，你此刻就有这种感受。

那么，该怎么办呢？你可以回忆起那些通常、曾经以及或许会给你带来欢乐的事情。如果你现在脑袋空空如也，你可以参考一下上面的那个"活动清单"。

或许在上一周中，有几天的日程安排特别满，于是你把自己累得精疲力竭，活力值赤字，天平完全倾向于"减号"这方。

所以下一周，你应该给自己重新安排一些更加轻松愉悦的活动，你可以按照下面的示意图，自制一个活动表来重新规划未来一周：

	周一	周二	周三	周四	周五	周六	周日
7:00—9:00							
9:00—11:00							
11:00—13:00							
13:00—15:00							
15:00—17:00							
17:00—19:00							
19:00—21:00							
21:00—23:00							
23:00—7:00							

根据自己的实际情况，合理规划活动，比如哪些是独立进行的，哪些是与他人合作进行的。安排规划好以后，请你一定努力遵守！

对了，在此过程中，还有一个重要的关键因素：好奇心！

发现生活中的小确幸

> "在你拥有的一切之下,寻找你所缺失的。"
>
> —— 禅宗公案[1]

我们总是在追寻幸福的路上,等待幸福在某一天降临……我们远远看到它的影子,暗自思忖:"总有一天,我会到达幸福的彼岸!"我们心满意足地笑了。但是,为什么我们苦苦追寻多年,幸福却并未如期而至?为什么我们每朝着它往前走一步,它就后退一大步呢?如何结束这种徒劳无功的追逐呢?

再仔细看看禅宗公案里的这句话:它的真正含义是什么?幸福已经在我们的生活之中了吗?它隐匿在何处呢?你可能心想,它肯定找了一个别人找不到的地方躲了起来!

在某个时刻,你的电话响了,来电的是你阔别多年的朋友,你们在电话里聊得很开心,挂电话时甚至还有点不舍,内心洋溢着满满的幸福感。过了一会儿,你又不得不去继续处理生活琐事,幸福的感觉戛然而止?

在一个阳光明媚的秋日里,你和孩子一起走在街上。孩子

---

1 公案,禅宗术语,指禅宗祖师的一段言行,以及讲述典范行为的小故事、句子或叙述。这一行为通常会影响禅师,或者在某些情况下影响禅学生。早期的公案是学生和大师之间针对特定教学的对话。

停下脚步，看着落叶纷飞的景象，眼中不经意流露出赞叹与惊奇。他把你拉到身边，一同享受这曼妙的秋日时光。但是，你大煞风景，说道："好了，我们得走了，不然待会儿上学要迟到了。"你看，你拒绝与孩子共同欣赏这令人为之赞叹的美景，也就是这样，你让幸福从你的指尖溜走了……而你本可以抓住它的……孩子对周围世界和万事万物的好奇心是值得我们学习的，因为我们似乎已经失去了对事物好奇的习惯。你可能要问：该如何换个角度看问题？如何对生活满怀好奇，学会赞叹生活？

或许，诗人托马斯·斯特恩斯·艾略特[1]的话可以让我们获得一点启发："每做一件事，都当作第一次做这件事：第一次走路，第一次回家……"

对生活的好奇心：寻找小小的幸福！

每一天，我们都有无数的机会去捕捉幸福的时刻，一秒、一分或者短暂的一瞬间……狩猎幸福，正式开始！刚开始你可能会有点迷茫，不知道前方的路该怎么走，觉得困惑不已，到底到哪儿去狩猎幸福呢？别担心，生活中美好的小幸福并非难

---

1. 托马斯·斯特恩斯·艾略特（T. S. Eliot, 1888—1965），英国诗人、评论家、剧作家及出版家，获哈佛大学哲学学士学位。艾略特于60岁时获诺贝尔文学奖。他的代表作《荒原》被评论界看作20世纪最有影响力的一部诗作，而艾略特本人的名气也随着这部作品的影响力增加而水涨船高，至今，这部作品仍被认为是英美现代诗歌的里程碑。

以寻觅，它们都在等待你找到它们的那一刻！

"小小幸福"的寻觅指南

这份指南将帮助你找寻隐匿的宝藏——生活中的小确幸：

◆ 昂首挺胸，怀着好奇心去环顾四周！唤醒你所有的感官：触觉、嗅觉、视觉、味觉和听觉，全身心地投入你所处的环境之中，认真去感受……

◆ 你心中是否感到惬意舒适？留住这种感觉，好好回味，让这种感觉慢慢浸入你的心房，就像是你在炎炎夏日里品尝沁人心脾的冰镇饮品。

◆ 你感觉到了什么？阳光透过树叶洒下斑驳的光影？扑鼻而来的怡人香气？婴儿细腻柔软的肌肤？紧紧拥抱在一起的两人？阳台上的花开始绽放？

静静感受，慢慢体会，细细回味……
幸福已经不知不觉来到你身边！

现在，你找到生活中的"小确幸"了吗？你可以根据下面这个表格自制一个"小确幸表"，在表中列出你找到的宝藏。

166

	周一	周二	周三	周四	周五	周六	周日
你找到了什么宝藏?							
寻找幸福的过程中,你的身体感觉如何?							
寻找幸福的过程中,你的情绪是怎么样的?							
寻找幸福的过程中,有没有什么一直盘旋在心头的想法?							
在你填写这个表格时,有没有忽然涌上心头的想法?							

[参考来源:三位认知心理学家津德尔·西格尔(Zindel Segal),马克·威廉姆斯(Mark Williams)和约翰·蒂斯代尔(John Teasdale)的"正念认知疗法"(Mindfulness-Based Cognitive Therapy,简称 MBCT,2002 年)]

开放与好奇的心态有没有给你带来什么惊喜与收获?仔细观察,我相信你一定会找到答案……

当我们的思想乱作一团时

从"慢性悲伤"的流沙中挣脱出来后，我们还需要面对其他对我们好奇心构成威胁的危险——也就是本书第二部分提到的那些"妖魔鬼怪"的想法和其他干扰我们思想的邪灵。

还记得在第三部分开头，我们对情绪"升温"和情绪"沸腾"这两个概念所做的区分吗？

我们的想法也是如此，当那些"妖魔鬼怪"到访时，我们的思想就开始乱作一团！不仅如此，由于我们的想法和我们的情绪反应是紧密相连的，一旦这些"妖魔鬼怪"进入我们的生活，在它们的诱导之下，我们的情绪也会慢慢开始酝酿升级……直至最后沸腾！

探索新路：与内心的"妖魔鬼怪"辩论

这些前来诱惑我们的"妖魔鬼怪"究竟是何方神圣？在不同的人面前，它们有着不同的面孔，所以下次当它们找上门来时，请你在下表中做出标记，并做一个简单的描述（回忆一下它的模样，以及你当时的反应）。

有哪些"妖魔鬼怪"?	它是否出现在你的生活中?（是 / 否）	它给你带来的生活插曲（你们相遇的场景；你的反应和感受）
"过度概括"：对一系列偶然发生的事件（失败或困难）进行消极的过度概括。 比如，你可能产生如下的想法："昨晚的聚会上，我总是无法融入大家的谈话，我从此以后再也无法和别人正常沟通了！"		
"选择性概括"：仅将注意力集中在事情的某些方面上（通常是消极方面），并基于对事物的片面认识对事情做出负面解读。这就是我们经常会讲到的"半杯空，半杯满"。[1] 比如，你可能产生如下的想法："刚才会议上我做的工作展示真是太糟糕了！我都没把事情解释清楚！"		
"二元对立"：将生活中的一切劈成"黑""白"两半，一切事物非黑即白，要么"消极"要么"积极"，忽略细微差别。 比如，你可能产生如下的想法："工作对我而言，要么不做，要做就做到完美。"		

---

1. 这是一个著名的趣味心理测试：桌子上摆着半杯水，有人会认为这个杯子里的水已经空了一半，而另一部分乐观的人会认为这杯水还是半满的。

积极事物的凹透镜，消极事物的凸透镜：低估事物的积极方面，高估事物的消极方面。 比如，你可能产生如下的想法："组员们都对我的工作提出批评，看来我的工作真的做得很糟糕，或许我得换份工作了！"		
"主观"读心术：在没有掌握任何证据的情况下主观解读他人的想法（通常都是负面评论）。 比如，你可能产生如下的想法："刚刚的会议上，我表现得不够镇定，别人肯定都觉得我能力不足，完成不好这项任务。"		
"灾难主义"：杞人忧天，预测灾难即将降临，实际上是在自寻烦恼。 比如你可能产生如下的想法："如果我不快点，我就会迟到，别人都到了就差我没到，我肯定又会很丢脸！"		
"过度自责自咎"：明明是诸多因素共同导致一件事情的发生，却把全部责任揽到自己一个人身上。 比如你可能产生如下的想法："我们之所以分手，责任全都在我，我应该为我们的关系再多付出一点。"		

　　我们在本书第二部分讨论过，这些"妖魔鬼怪"会让我们痛苦万分，甚至会导致我们举止异常，但我们也不是完全任由它们来随便折磨我们的！

我们可以试着改变思维习惯，慢慢接受我们脑中所想的并不是事实本身，更不是绝对真理。那么，究竟要如何对自己的想法提出怀疑呢？

试想一下，如果"妖魔鬼怪"就在你面前，你应该如何反驳它们呢？或者，如果你的朋友遇到了这些"妖魔鬼怪"，你该如何帮助他/她一起与之对抗呢？把你设想的对话写在下面的圆框里面。

然后，你可以在后面核对答案，看看你说得对不对！

出现在你/你朋友面前的"妖魔鬼怪"：   你对"妖魔鬼怪"说：

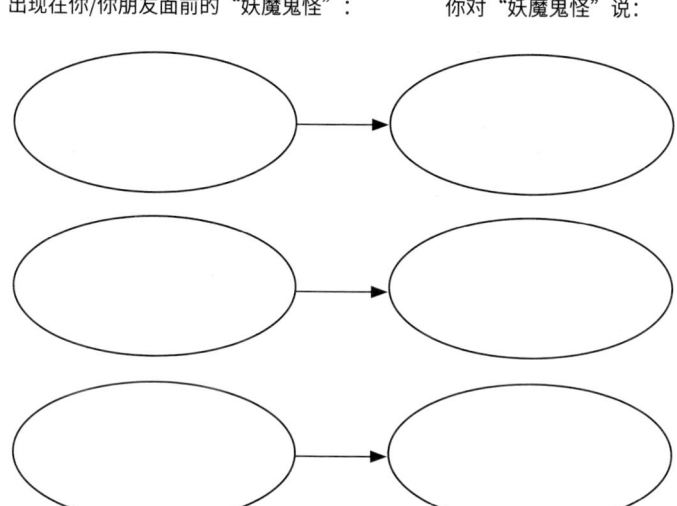

参考答案：

◆ "过度概括"？

当"过度概括"这个妖魔鬼怪出现时，你可以对它说："试着看到事物的相对性，现在发生的事情只是漫长人生中的一个小插曲，它或许再也不会发生了！"总之，你应该把它当作一次偶然的经历，而不是过度概括成你生活的常态！

- ◆ "选择性概括"？

面对"选择性概括"这个"妖魔鬼怪"，我们应该让自己试着把目光移向事物积极的一面。所以，你可以对你的朋友说："事情的全貌并非如此，让我们一起来找出这件事中积极的一面吧！"

- ◆ "二元对立"？

你的朋友遇到了"二元对立"这个"妖魔鬼怪"？或许你可以这样安慰她／他："你现在看问题太过悲观了，你对自己的要求过于严苛了。而且，你之所以会这样认为，并不是因为现在的实际情形如此，而是你此时的身体状态导致你产生这样的想法。"

- ◆ 积极事物的凹透镜，消极事物的凸透镜？

你应该帮助你的朋友认识到他／她低估了事物积极的一面，高估了消极的一面。你可以跟他／她说："我觉得你太过于关注自己的失误了，你记不记得上一次自己做得有多棒？当你明明做得很棒的时候，你却只是把它当作理所当然……"

- ◆ "主观读心术"？

你的朋友总是凭主观猜测去解读别人的想法？快把他／她

的水晶球拿走！还真以为自己是魔法师了？你可以问问他／她：
"你有什么证据可以证明别人就是这么想的呢？为什么你就断
定别人对你的评价是负面的呢？有没有什么客观依据？"

 ◆ "灾难主义"？

你的朋友是个"灾难主义者"？你可以帮他／她增强对未
来的信心，不要总是觉得灾难即将降临，学会看到事物的相对
性："即使你的猜想是真的，那又怎样？你真的会灭亡吗？你
难道不可以主动做点什么？万一真的遇到意外或者不幸，你又
应该怎么应对呢？"

 ◆ "过度自责自咎"？

你的朋友总是过度自责自咎，把所有的责任都往自己身上
揽。你可以试着拓展他／她看问题的视野，这么跟他／她说："我
们一起来看看，除了你之外，会不会有其他一些因素也导致了
这件事情的发生……"

起初，你的朋友可能会拒绝你的帮助，囿于自己的想法，
就像当初你反思自己的想法时那样不情愿，你会觉得这种反思
毫无用处，也毫无必要。这很正常，正如我们在本书第二部分
讨论到的安娜的故事，我们每个人都更倾向于选择自己已经走
惯了的"高速公路"。

那么，需要迈出的关键第一步就是弄清楚我们习惯走的
"高速公路"有哪些？在行驶过程中，是不是会出现一块指示
牌，把你引入"过度概括"的误区？又或者是一个箭头，把你

指向"主观读心术"?

当我们认识到上述这些情况时，我们可以进一步做出选择：

· 要么继续走老路，你可以有很多理由来支持自己选择走常规路线；

· 要么试着探索新路，抱着好奇与开放的心态前行，创造出独一无二的专属路线！你可以参考上面我们列出的应对"妖魔鬼怪"的策略，制定出属于你自己的策略。一旦"妖魔鬼怪"出现，不管它再使出什么伎俩来诱惑你，无论它换上什么面孔，你都可以沉着应对。

现在轮到你了！全副武装，选定方向……开始拥抱你的新生活！

"去找那位女人！"——非理性信念

"所有的案件都会牵扯到一个女人。所以一有人向我报案，我就跟他们说：去找那个女人！"[1]

——《巴黎的莫希干人》，大仲马[2]

---

1 这句话出自大仲马小说《巴黎的莫希干人》中侦探孤狼先生（Monsieur Jackal）和同事约瑟夫（Joseph）的对话，其想表达的意思是，所有男人做了错事，都是因为某个女人而起，或是因为想要赢得女人的欢心，或是应女人的无理要求，或是因女人的虚荣攀比之心，后来也用于比喻寻找事情真正的罪魁祸首。也有人把这句话"Cherchez la femme！"直接译为红颜祸水（英文为 Look for the woman）。

2 亚历山大·仲马（Alexandre Dumas, père, 1802—1870），人称大仲马，法国作家，一生著作丰富，《三个火枪手》《基督山伯爵》等历史小说大多情节曲折，场面惊险。

大仲马在这本小说《巴黎的莫希干人》中，曾多次提到"去找那个女人！"这句话。这句话背后的意思是，一个男人的奇怪行为背后一定会牵扯到一个女人：要么为了掩盖与这个女人的勾当，要么为了赢得女人的欢心，要么为了得到女人的原谅。同样地，每次我们感到某种强烈的情绪涌上心头，我们都会有一些过分且无理的反应，这时候我们或许应该喊出："去找那个女人！"

　　但是这里的这个"女人"（对女性读者来说，是这个"男人"）究竟指的是谁呢？理性情绪疗法[1]创始人阿尔伯特·艾利斯对此提出了"非理性信念"这一概念，这种信念毫无逻辑，十分武断，给人带来强烈的负面情绪，诱导人们横行无忌、任性妄为。

　　确切地说，这些"非理性信念"是基于我们对现实的错误认知，并非基于客观存在的证据所形成的想法。更要命的是，我们往往非常坚定地相信这些想法，将其奉为圭臬，视若真理。

　　"没有他／她，我就活不下去！""我太失败了，所有人都

　　1　理性情绪疗法（Rational-Emotive Therapy，简称RET）也称"合理情绪治疗"，是帮助求助者解决因不合理信念产生的情绪困扰的一种心理治疗方法，20世纪50年代由阿尔伯特·艾利斯（A. ElliS）在美国创立。该方法重视不合理信念对情绪和行为的影响，其核心理论是ABC理论，即对诱发事件（activating events，A）所持有的不合理的信念（beliefs，B）是导致情绪和行为问题等结果（consequences，C）的主要原因，因此治疗的主要方法是通过认知技术、情绪技术和行为技术使当事人的不合理信念得到改变，从而消除其情绪和行为问题，并达到无条件接纳自己（unconditional self-acceptance，简称USA）这一治疗目标。由于该方法综合了认知治疗和行为治疗技术，并着眼于解决当事人的情绪和行为问题，因此也将其称为理性情绪行为疗法。

会认为我是一个傻瓜！"……试问，生活中谁不曾有过这样的想法？上面这两个想法就是"非理性信念"的经典案例，我们每个人都可能掉入这两个思维陷阱之中："灾难主义"和"主观读心术"！你没了他 / 她就真的活不下去了？果真如此吗？还有，谁告诉你所有人都觉得你是傻瓜？你有证据吗？

与我们前面所说的"妖魔鬼怪"不同，"非理性信念"是另一类干扰我们生活的邪灵。它们阻碍了我们的好奇心，剥夺了我们对生活进行多种解读的可能性。我们已经提到的有"灾难主义"和"主观读心术"，接下来我们一起来看看，还有哪些其他常见的"非理性信念"，在下面的表格中标记出你曾经的相关经历。

有哪些"非理性信念"？	常见的观念和假设	我的个人经历（上一次"非理性信念"出现的时候，我对我自己说……）
绝对化要求	"我绝对应该……" "别人肯定……" "所有的事情肯定……" "我必须保持行为得体，得到所有我在乎的人的认可，否则我就一无是处，糟糕透顶。" "别人都必须对我好，按照我的意愿行事，否则他们都是混蛋，都是坏人，一定会为此付出代价的！" "一切都要按照我预料的那样发展，简单舒适，否则生活会变得一塌糊涂。"	

零容忍	"我无法忍受……我受不了……"	
绝对化 看法	"我一文不值。" "他真是个十足的蠢货。" "她就是个臭女人。" "我真是个大笨蛋，完全一无是处。" "我是个坏人，我活该。"	
二元 对立	"要么我就举世无双，要么我就废人 一个。" "要么完美至极，要么一塌糊涂。"	
灾难 主义	"如果……那真是太可怕了。" "如果……那简直是场大灾难。" "我再也无法……" "他再也不会……"	
绝对化 需求	"我必须……" "没有……我活不下去。"	

我们是天生的科学家

假设你是科学家，你正在满怀好奇心地观察着你的研究对象。其实，用心理学家乔治·凯利[1]的话来说，每个人都是天生

---

[1] 乔治·亚历山大·凯利(George Alexander Kelly, 1905—1967)，美国心理学家。凯利的贡献主要在于以人本主义心理学家所强调的自我认识、自由选择及自行负责的理念综合而建构的人格理论。他的核心观点，一是主张人格决定个人认知，二是个人构念理论。

的"科学家"（Person as Scientist），即我们都具备潜在的科学思考的能力。我们不断对未来做出假设，进行验证，保留正确的预测，摒弃错误的猜想。如果有证据表明它与现实不符，我们就及时做出修正和改变。当然，这一切的前提是，不会有"女人"（这里是指非理性信念）来扰乱我们的思想，否则我们就会变得毫无逻辑、呆板而偏执，与科学思想及客观事实渐行渐远……这样一来，我们的情绪就会开始"沸腾"，我们的举止也会开始变得怪异。

乔治·凯利式（每个人都是天生的科学家）的快问快答

选择一个你长期以来一直拥有的"非理性信念"，尽管它对你死缠不放，曾让你和你身边的人饱受痛苦，但请你依然心怀善意，好好地观察观察它，同样也带着善意好好对待你自己。现在，你正在重新思考你的"非理性信念"，试着将它理性化，重新找回你的独立人格。

然后，撇开成见，重新怀着好奇心审视一下你的"非理性信念"，犹如初见一般，你可以给它提几个问题：

◆ 哪一个"非理性信念"是我想要摒弃的？

◆ 这一信念背后的理性支撑是什么？

◆ 哪些证据可以证明这一信念站不站得住脚？

◆ 这一信念是灵活的还是呆板的？

在提出这些问题的时候，你或许已经意识到自己的想法或过于极端，或过于严苛，或过于悲观，或毫无根据，或远离现实。

或许，你也有这些想法，但是你仍有可能改变它们，方法如下所示：

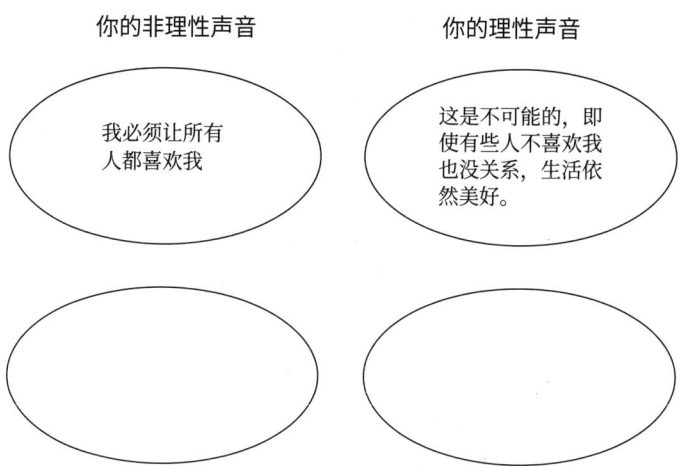

你的非理性声音　　　　你的理性声音

我必须让所有人都喜欢我

这是不可能的，即使有些人不喜欢我也没关系，生活依然美好。

继续对自己的想法保持好奇，并试着练习将它们从"非理性信念"转变成"理性想法"，倾听内心理性的声音！别忘了，人人都是科学家！

因为好奇，我们敞开心扉：如何运用好奇心的力量

"没有别的时间了，就在此时此刻。我们哪儿也不去，

任由思绪满天飞。其他任何时刻都不会如此时这般充实。虽然可以预想的是，未来的某个时刻或许会比现在更加舒适，或者不，但我们并不能确定。不管你怎么想，未来不会完全如你所愿，顺你所想。就算发生了什么，也只是一瞬间的事情，一个你可能在不经意间就错过的瞬间。"

——《正念解压》[1]，乔恩·卡巴-金[2]

在上面的内容中，我们讲到了阻碍好奇心发展的一些因素，以及相应的解决策略。通过一系列训练，我们唤醒了内心的好奇心，从"慢性悲伤"的流沙之中挣脱出来，还练就了"火眼金睛"，让那些扰乱我们心灵的"妖魔鬼怪"和"非理性信念"统统原形毕露。我们成功绕开了它们设下的陷阱，开辟出一条全新的道路。

踏上新旅程的我们，一路上畅通无阻、视野开阔，而新的机遇也摆在眼前：如何强化对好奇心的培养？如何让它在我们的生活中持续发光发热？接下来，我们将带你通过一系列练习，来学习如何高效地维持好奇心，如何充分利用好奇心来提升我

---

1 《正念解压》(原书名：*Méditer*)，乔恩·卡巴-金博士根据佛教禅宗思想引进的一套课程整理成书，被翻译成30多种语言，风靡西方。经过大脑神经成像的测试，这套静坐方法可以改变大脑结构以及大脑循环。

2 乔恩·卡巴-金(Jon Kabat-Zinn)，美国科学家、畅销书作家、冥想导师。1971年毕业于麻省理工学院，师从诺贝尔奖得主，获分子生物学哲学博士。"正念解压疗法"创始人，当代主流医疗界、心理学界、心理健康运动高度认可的世界级科学家和冥想导师，他毕生专注于正念认知／正念解压疗法的研究教学和宣传推广。

们的生活品质。

首先开始的第一个练习是学会对现实生活保持好奇，其次，我们将学会如何带着好奇心走近我们的痛苦（没错，就是我们的痛苦！身体上和心灵上的痛苦！），探索好奇心是如何施展魔法，奇迹般地减轻我们的痛苦的。最后，我们将进一步考察好奇心在人际关系中的作用，以及如何利用好奇心来改善我们的人际关系。

现在，一起开始我们的第一个练习吧！

培养对现实的好奇心

只是一个"小东西"？

选择一个"小东西"（杏仁、番茄、饼干或者萝卜……），随便哪个都可以，拿在手里。阅读以下训练指导，然后……开始吧！

旅行开始！呼吸，存在，姿态。

可以的话，请闭上眼睛，把全部注意力都集中在你的呼吸上，保持一段时间，倾听你的呼吸，然后专心感受你的存在，你此刻身处何处？房间里？还是其他地方？周围有些什么？接着，关注你此刻的姿态，或许你正坐在椅子上或者地上，请你把注意力放在你的身体与椅子或地面的接触点上，好好感受它。

◆ **探索，探索，探索！**

现在把注意力转移至你手中的物品上，开启你的感官：

·**触觉**。拿起你手中的小东西，感受它的质地：你觉得它是凹凸不平的吗？还是柔软光滑？拿在手里是什么感觉？花几分钟时间好好观察观察这个小东西（是的，我说的是几分钟！），就当作你是第一次见到这种东西。

·**嗅觉**。把它放到鼻子前面闻一闻，吸气，再呼气。你闻到了什么？刺鼻的味道？恶心的味道？还是其他？再重复一次，花几分钟的时间，用嗅觉来感受这个小东西。或许你会觉得有点不适，如果是这样，你可以把东西挪开片刻，等不适的感觉过后再继续。你尽量不要直接中止，即使你觉得有点不舒服，你也可以闻一会儿，然后停一会儿，来回交替！

·**听觉**。这种小东西会发出声音吗？把耳朵凑近听一听！你可能会发现，原来这个小东西会发出这么有意思的声音……是不是很惊讶？试着多听一会儿，放开心态，抛开一切头脑里的偏见，别总想着："我什么都没听见！""根本没用""这太扯了"……别让自己受到这些想法的影响，全身心投入到你的探索之中！

·**味觉**。把它放在嘴边，但不要入口。让它微微接触你的嘴唇，感受产生的这种感觉：也许你已经开始垂涎欲滴了！

还有什么感觉？心头痒痒？除此之外，还有吗？把这个动作持续一分钟，有没有什么记忆忽然浮现在你头脑里？不要试图打断它。接着，把这个小东西放入嘴中，不要咀嚼，不要咬它，也不要把它吞下：仅仅感受这个小东西现在正在你嘴中，感觉它在你的嘴中的每一个角落移动。感受此时你的唾液反应，你舌头的感觉，你上腭和下颌的感觉……整个过程中，你需要尽可能保持好奇，持续一分钟之后，咬一口！观察它的味道，以及嘴巴的反应。慢慢地咀嚼一分钟，但不要吞下去。如果有什么想法或什么让你分心的东西（例如咀嚼所发出的声音），不要管它，回到你的关注焦点：口中的食物，以及它产生的一切感觉。最后，你可以把它吞下，试图感受它经过咽喉，进入食道，最后到达胃部的变化过程。你现在会更加明显地感觉你的胃里多了新的东西。

◆　旅行结束

再次把注意力放在你的呼吸上，感受你身体每一部分的呼吸：鼻子……胸部……腹部……继续呼吸，持续一分钟。然后，在你觉得舒适的情况下，缓缓睁开双眼。

"这个练习太奇怪了……"

你之前做过这个练习吗？在你做这个练习的时候，你心里可能会想："这个练习太奇怪了！花几分钟时间去感受一个东西的质地……去听一颗杏仁可能会发出的声音……真是太奇怪了。所以，这到底是什么练习？"

这其实是一个由来已久的经典练习，它源自佛教文化，后来演变成风靡加拿大的经典现代疗法——"正念认知疗法"（Mindfulness-Based Cognitive Therapy，简称MBCT），这一疗法的发明者是来自多伦多的认知行为治疗专家、心理学博士津德尔·西格尔。其实，西格尔博士的灵感也是来自乔恩·卡巴-金博士在20世纪80年代创立的正念解压疗法（Mindfulness-Based Stress Reduction，简称 MBSR）。"正念解压疗法"主要基于冥想练习，它开创性地汲取了佛教传统文化中的"内观"[1]概念（Vipassana, 佛教术语，意为以智慧来观察），主要运用于解压和慢性疼痛治疗等领域，当时在美国马萨诸塞州大为流行。

津德尔·西格尔博士继承了这一疗法的核心思想，将"内观"与认知行为疗法相结合，运用到心理问题的治疗及预防当中（尤其是抑郁症）。目前已经有大量的科学研究证明了"正念解压疗法"（MBSR）和"正念认知疗法"（MBCT）的科学性，现在只差最后一道验证了，那就是你，由你来亲自体验！

---

1 "内观"（vipassana）一词包含两个部分。"Passana"的意思是看，即觉察。前缀"vi"有很多含义，其中之一是"穿透"。内观的字面意思，是穿透心中的幻相之流。与英语前缀"dis"一样，"vi"也有"明辨"之意——可以分别觉察到每一个组成部分。于此便有了分离的概念，因为觉知力就像精神的手术刀，把绝对真理同相对真理区分开来。最后，"vi"还有加强的功能，"内观"因而也意味着强烈、深层次或有力量地看。这是一种直接的洞察体验，无关推理或思考。

"冥想与好奇之间有什么关系？"

谈到"冥想"，我们通常想到的是某个人沉浸在自己的内心世界，置身于另一个静止不动的维度之中。而对于"好奇心"，我们想到的则是某个人与外部世界紧密相连，一直处于持续不断的探索之中。

关键词就是"探索"。乔恩·卡巴-金博士在他的著作《正念解压》中指出："静坐着不动并不能改变世界，但是当你采取一种适度的方式，感到自己是有分量的时候，你就已经实现了改变世界的目标。"现在不妨让我们把"改变"一词换成"探索"，通过静坐，我们得以探索万物，包括我们的内心世界和外部世界：这得益于谁？当然是我们的好奇心！

事实上，好奇心这种宝贵品质也是冥想态度的关键要素之一。冥想，就是探索的过程，它是我们与自己和世界建立的深刻而积极的联结，这一点与我们长期以来持有的成见是截然相反的。而好奇心，就是对探索事物保持自发的开放的态度。如果没有好奇心，我们又怎么可能满怀热情与兴趣地去探索呢？那么，如何更好地培养好奇心呢？

"那么，我该怎么做？"

你刚刚其实已经完成了一次冥想练习！正如一些冥想训练师所说的："我们哪儿也不去，什么也不做。"只需要静下来，观察你心理的变化（想法）、身体的变化（情绪和感觉），不需要做出任何回应（你不要让自己被某种想法羁绊，也不要急着驱散某种不适的感觉），更不需要对自己、或对过往的经历做任何评价。你或许会说："做和想完全是两回事"。然而，经验表明，冥想的初期训练者会觉得冥想是件劳神费力的事情。后来我们会发现，冥想会在不知不觉中成为我们生活中不可或缺的一部分。在我看来，它是一种对待自我和生活的永恒态度。

"我会成功吗？"

我向你保证：你绝对会成功的！没有冥想是"失败"的！没错，这听起来有点荒谬，因为我们总是习惯性地评判自己会"成功"还是"失败"。请你试着忘记这两个概念。冥想时，你不需要要求自己必须实现某个状态（比如必须完全放松或是完全舒适），你只需要保持好奇，对存在的一切（包括你内心的想法）欣然接纳。关于你内心的想法，好好回顾一下，然后待它慢慢消逝。你有一种麻木感和不适感？很正常，请继续你的探索！你还觉得神经紧张、焦虑不安或者欣喜万分？不管怎样，请把它们当作专门前来拜访你的客人一样热情对待！

培养对痛苦的好奇心

"接纳痛苦？太可怕了吧！"

试着对生活中的痛苦保持好奇（无论是身体上还是精神上

的），不管怎么说都是一件会让人反感的事情。我们已经试过诉诸各种各样的策略来应对痛苦，我们称之为"对抗策略"，有些效果并不显著，有些则短期内有效，但时间一长就渐渐失效了。所以你目前面临的关键问题是：你是想继续借助这些策略，与痛苦对抗，走一步看一步，等到它失效之后再另寻办法？还是选择重新寻找一个直面痛苦的解决策略？在这两种方案之间，你需要做出抉择。

◆ 你选择坚持现有的"对抗策略"？这是一个合乎人性的选择。不过，你之所以不愿寻找新的解决策略，或许与你头脑里的"妖魔鬼怪"也有关系，你可以先借助前面提到的应对"妖魔鬼怪"的方法把它们全部赶走。

选择面对自己的痛苦或情绪，可能会引起内心的恐惧，我们害怕自己这样做无异于将自己推向另一个痛苦的深渊，最后我们可能变得伤痕累累、精疲力竭。如果你的确是这么想的，请按照下面所说的去做：先试着回忆你曾经经历过的某个"小伤痛"（暂时先别揭开那些让你痛不欲生的"大伤疤"），或者唤起某种淡淡的情绪（轻微的烦恼或者焦虑），想象你正在小心翼翼地品尝一道自己还不确定是否喜欢的菜，所以你要小口小口地吃……说不定你马上就会爱上这项训练的！

如果上述训练让你产生了过于强烈的情绪，你可以睁开双眼，把注意力转移到呼吸上。持续几分钟后，让自己再次慢慢回到情绪之中，在"呼吸"和"情绪"之间来回交替几次。

◆ 你选择开启好奇心之旅，并试着接纳痛苦？阅读下面的训练指南，尽可能完成这些要求！

向你的情绪伸出援手

◆ 感受自己的存在，找到舒适的姿势，调整好呼吸，心怀感激。

花几分钟时间来感受自己的存在，此刻你身处何方？保持静止不动，你只感觉到自己的姿势，你的双脚与地面、大腿与椅子的接触。接着，你可以把注意力转向你的一呼一吸：吸气时，腹部慢慢鼓起；呼气时，腹部恢复原状。最后，再花几分钟的时间感受那些让你不愉快的情绪和痛苦的感受。

◆ 选定一段痛苦经历。

完成上一步后，选定你此刻面临的一个困难，或许你一时半会儿想不到什么。但你不是非要选一个多么惊天动地的大事件，只需选一件让你觉得不爽的事情就行了。如果你的大脑还是空空如也，那你也可以选择过去发生的某次不愉快的经历。或者，如果你现在觉得身体哪里不舒服，你也可以把这种身体上的不适当作你选定的痛苦经历。

在训练中，我们介绍了哪些控制情绪的方法？写在下面！

_____

_____

你还有什么其他的好办法吗？

_____

_____

_____

当你在实践这些方法时，你感觉到你内心的痛苦发生变化
了吗？它的强度有什么不同？它是怎么变化的？用几句话概括
一下你的发现和新体验，写在下方。

_____

_____

_____

对你们当中的某些人来说，最后一个问题的答案或许是：
"没错，我感觉比原来更痛苦了！"你还记得我们在本书第二部
分提到的莱昂内尔吗？上完瑜伽体验课后，他反而觉得自己的
痛苦加倍升级了。本该起到平复心绪、缓解压力的作用的瑜伽，
为什么有时候却会加剧一个人的痛苦呢？

安抚愤怒，平复悲伤

在以上这个训练中，我不断提醒你关注内心的痛苦情绪和感受，同时借助不同的方法与之互动。然而，关注并不意味着"主动接受"，其含义也有别于"接纳"，尤其是当我们面临的是令人不悦的情绪或感觉时。"关注"和"接纳"不是一回事，它与"探索"也有实质区别。

在你关注痛苦的情绪和感受时，你已经把你的注意力集中在这二者之上，就像是关注坐在你对面的那个人是谁一样。能做到关注痛苦的事物，你已经迈出关键的一步。恭喜你！你已经向痛苦伸出援手！

想象一下，你现在正在地铁里，你旁边坐着一个非常讨厌的人：他大声打电话、喧闹不止……你看着他，关注他的存在，但这并不意味着你接纳他坐在你旁边。当然，你也可以开始祈祷地铁开快点，快点到达你要下的那一站，这样你就能结束这场煎熬了。同样的道理，在我们刚刚的训练中，你关注内心痛苦的情绪和感受，并不意味着你接纳了它们。你甚至可能在训练过程中喊停，你实在不想再看到你的邻座了，所以你选择在下一站就下车，然后换乘另一条地铁线，最后到达你要去的目的地。或者你也可能选择继续痛苦地完成训练，你如坐针毡，迫切期待一切能快点结束。

的确，你关注到了你的痛苦，但还未真正深入探索它，接纳它的存在。"关注"相对容易，真正难以实现的是与"痛苦"

建立联结，最后将其接纳。如果你只是停留在"关注"这一步，而不继续下一步（探索、互动和接纳），想想会发生什么？我们的痛苦或许会加倍升级……没错，我们的确投入了全部的注意力。正如莱昂内尔在瑜伽课上所做的那样：他把所有的精力集中在身体上，即使在平时，由于身体上的疼痛，他也很难做到这样。值得欣慰的是，当我们把注意力集中在痛苦的情绪和感觉上时，我们已经成功了一半。

那该如何继续完成剩下的另一半，如何进行"探索"和"接纳"呢？你们大多数人会倾向于将内心的痛苦形象化，把它转化成某种物品，例如前面提到的埃米莉的丈夫克莱芒，他就把内心的愤怒形象化为一只让他害怕的大狗，他试着慢慢靠近这只大狗，安抚它……安娜则把自己的消极预期想象成一个小怪物，渐渐地，她终于能心平气和地抚摸这个小怪物的小胡子了。

你有没有试过用图像来描绘自己的痛苦情绪和感受呢？哪种形象可以代表你的痛苦？你可以在下面画出来！尽情发挥你的想象力吧！

　　或许有些人更倾向于使用上面我们提到的"痛苦呼吸法"？
也就是说，我们只需把自己的"呼吸"投射在我们身体痛苦的
部位，让痛苦的情绪和感觉随我们的呼吸而动。非常好！

　　除了"对抗式"的策略，任何"开放式"和"接纳式"的
策略都是可以的。"探索""建立联结"和"接纳"三者之间密
切相联，我们想要进一步探索情绪和感受并与之建立联结的前
提是"接纳"。试想，如果我们内心都无法接纳自己的情绪与
感受，反而对它有强烈的抵触情绪，想要遏制它，我们又怎能
真正去探索它呢？因此，想要真正探索自己的情绪及感受，我
们需要先在内心接纳它们的存在。相应地，当我们采取"接纳"
的态度时，探索的大门就自然地敞开了，我们也能逐渐对自己
敞开心扉。

但是，我们怎么知道自己是不是真正"接纳"和"探索"了自己的情绪和感受，并与之"建立联结"了呢？仔细倾听，倾听你的痛苦，倾听你的情绪……它们会告诉你的！

"它有什么秘诀？"

当你们试着放手、真正接纳痛苦时，你会发现痛苦已经得到明显缓解，甚至逐渐消失不见了。但是新的问题又出现了：为什么"接纳"可以帮助我们缓解痛苦的情绪和感觉？它究竟有什么秘诀？

痛苦是双层的

我们身体上和精神上的痛苦其实有两层。首先，当我们精神上感觉痛苦时，我们身体上也会有同样的感觉，还会通过一系列症状表现出来：身体紧张、肌肉抽搐、呼吸加速、胃部打结、腹部胀痛……这些身体上的疼痛是真实存在的，我们将它称为"第一层痛苦"，即我们能够直接真实感受到的痛苦。

我们已经很痛苦了，真的，但痛苦常常不限于此。我们感知到痛苦（身体上的疼痛或是情绪上的煎熬）后，会不由自主对痛苦产生各种各样的想法："这简直难以忍受！希望这些疼痛快点消失！""我受不了了！""我现在的感觉真的很难受！""如果痛苦依旧不消失，那该怎么办？""这一切到底什么时候是个头啊！"回想你曾经遇到的痛苦时刻（身体上或精神上），你当时都对自己说了些什么？

＿＿＿＿＿＿＿＿＿＿＿＿＿＿＿＿＿＿＿＿＿＿＿＿

＿＿＿＿＿＿＿＿＿＿＿＿＿＿＿＿＿＿＿＿＿＿＿＿

＿＿＿＿＿＿＿＿＿＿＿＿＿＿＿＿＿＿＿＿＿＿＿＿

＿＿＿＿＿＿＿＿＿＿＿＿＿＿＿＿＿＿＿＿＿＿＿＿

＿＿＿＿＿＿＿＿＿＿＿＿＿＿＿＿＿＿＿＿＿＿＿＿

＿＿＿＿＿＿＿＿＿＿＿＿＿＿＿＿＿＿＿＿＿＿＿＿

＿＿＿＿＿＿＿＿＿＿＿＿＿＿＿＿＿＿＿＿＿＿＿＿

你认为这些"内心对话"对我们的身体产生了怎样的影响？

＿＿＿＿＿＿＿＿＿＿＿＿＿＿＿＿＿＿＿＿＿＿＿＿

＿＿＿＿＿＿＿＿＿＿＿＿＿＿＿＿＿＿＿＿＿＿＿＿

＿＿＿＿＿＿＿＿＿＿＿＿＿＿＿＿＿＿＿＿＿＿＿＿

＿＿＿＿＿＿＿＿＿＿＿＿＿＿＿＿＿＿＿＿＿＿＿＿

＿＿＿＿＿＿＿＿＿＿＿＿＿＿＿＿＿＿＿＿＿＿＿＿

通常，当我们进行有关"痛苦"这个话题的"内心对话"时，我们其实会变得更加烦躁、焦虑、悲伤或愤怒，简而言之，我们的负面情绪在不断蔓延。这会导致什么结果呢？全身肌肉越发紧缩、腹部更加胀痛、呼吸不断加速……总之，我们身体上和精神上的痛苦远远没有减轻！

第一层痛苦，也就是我们身体上和精神上的痛苦，打乱了我们的生活，引起我们的焦虑与不安，这是我们生活中的常态。

问题主要在于"第二层痛苦",也就是我们内心与痛苦的对抗。所以,你准备好改变自己内心对痛苦的"对抗"态度了吗?你可以反复进行上面介绍的"接纳痛苦训练"。记住,好奇心是最值得珍视的盟友,它一直陪在你身边!

培养对他人的好奇心

去那片未知的土地上"狩猎",但不要开枪!

在本书第二部分,我们讲述了埃米莉和克莱芒的故事,两个人一直争吵不休,他们的婚姻也陷入危机。他们感觉到彼此的关系不断疏远,因为他们再也无法心平气和地沟通。

于是,就像埃米莉和克莱芒所做的那样,你决定去无人涉足的土地上开启新的冒险,也就是说,你开始猜测别人的想法(不管是你的爱人、孩子还是同事……)。你来到了一片大草原,伺机而动,等待猎物的出现,内心夹杂着兴奋与恐惧。

有些动物并没有攻击性,有些却非常危险。你不知道自己的一举一动是否会带来意想不到的后果,你左顾右盼、环视四周,格外谨慎……当你听到后方有声响,似乎有什么东西碰了一下你的头,于是你不假思索立刻转身,朝对方开了一枪……你很快发现,你伤害的只是一只贪玩的猴子,其实它并无意攻击你……这时你心里有何感受?悲伤?还是内疚?

与人交往时,我们总是处于"狩猎"状态:尽管周围的环境不同，每个人的性格不同，交往的对象不同，相同的是我们都多多少少保持着警惕，分析形势，暗中观察我们的对手。

我们都可能会反应激烈，条件反射式地立马举起猎枪瞄准对方，紧接着听了对方的解释后，又会开始为自己刚刚的鲁莽举动感到懊恼或内疚。你的行为是建立在你对周围环境判断的基础之上的："我身后可能有一头狮子，我有危险！"所以你先发制人，保护自己……而你之所以会这么想，是因为你已经在头脑里对这种危险状况产生了臆想！

我们该如何在"处境"和"反应"之间给自己多留一点点空间？

一、二、三……深呼吸！

◆ 姿势和呼吸

找到一个让你感到舒服的姿势，身体别紧绷着。将注意力集中在呼吸上一会儿，感受在一呼一吸之中，你身体的变化：鼻孔、胸部或腹部。"此时此刻，我在哪里？"

◆ 带着好奇心去观察：

—— 你的想法："此时此刻我头脑里在想些什么？"捕捉此刻你头脑里的想法，但不必深入琢磨，也不要被它牵着鼻子走，只需给他们贴上标签，做好标记，然后就随你的思绪自由飞扬。

——你的情绪："此时此刻我内心的情绪是怎样的？"它可以如洪水般波涛汹涌，也可以如溪水一般细腻，总之尽可能捕捉自己内心的情绪。

　　——你的感觉："我的身体现在有什么感觉？是否有不适、紧张或者懊恼的感觉？"

　　让注意力在你的想法、情绪和感觉上停留片刻，然后深呼吸几次，本次练习到此结束。

　　当我们每天一次或多次进行这个练习时，我们会慢慢对自己产生好奇。你可能会问自己："这样做有什么意义？"其实，通过对身体状态（感觉和情绪）和心理状态（想法）进行"扫描"，我们能够评估自己当前的状态，了解自己在某个时期内的感受。经常对自己进行"扫描"，我们渐渐就能避免一些条件反射式的行为，比如举起猎枪，无意中伤害一只小猴子。

　　如果我们能在"处境"和"反应"之间给自己多留一点空间，我们就更容易让自己放下心理预设，去观察现实的处境究竟是怎样的，仔细看看眼前的这片"广阔草原"。如果真的有危险，就勇敢直面；如果没有，那就放松身心好好享受旅程吧！

狮子还是羚羊？

　　在这场"草原"远足中，你时不时会看到远方一些奇怪动物的轮廓：你并不知道那些动物是不是真的没有攻击性，你也不知道是不是应该实施自我保护。这些都是你在根据自己的常识和经验做判断！在你举枪之前，试着靠近它们，并带着好奇和开放的心态，好好观察观察它们！

有时候，我们可能会不自觉地打断我们的谈话对象，因为我们觉得自己已经完全明白对方要说什么了，觉得没有必要让对方再说下去。我们为什么会这样呢？是因为我们觉得自己已经有答案了！其实过后我们会意识到，我们并没有理解对方的意图，甚至还完全曲解了对方的意图！我们只是将一些细节拼凑起来，我们只关注自己在说什么，该如何回答对方，该做出什么反应，等等。我们的注意力完全都没放在对方身上！

下面是一个"反条件反射"的练习，可以两人一组进行。想象你正在"大草原"上漫步，你周围是各种各样的神秘莫测的"动物"……这里所说的"动物"也就是你身边的其他人！试着去接近这些草原上的"野生动物"（你的少年玩伴、伴侣或者同事），你们需要一同来完成这个练习，培养你对别人和别人内心想法的好奇心！这一次，把注意力和好奇心全都集中在对方身上，集中在他/她正在跟你讲述的事情上。开始练习吧，注意观察练习过程中你们关系的变化！

对他人的好奇心：善意倾听

◆ 记录下自己和对方的状态。花点时间观察一下，你此时此刻的状态怎样？你身边这个人的状态又是怎样的呢？

◆ 倾听对方。对方正在和你说话，请你认真倾听。不管对方是在跟你讲述他/她今天的所作所为，还是在向你求助，或者是责怪你，你都要带着百分之百的好奇心认真倾听。需要注意的是，你不需要去猜测他/她接下来要讲述的内容，也不要一直顾着去想该怎么接他/她的话。你只需要注视着他/她的眼睛，全身心地跟他/她在一起，倾听他/她说的话，尽量不要摇头，不要发出"嗯"这些声响，不要打断他/她，什么小动作都不要有，认真倾听即可，完全置身于对方的讲话内容之中，感受对方的存在。整个过程中，你需要保持一颗好奇的心，保持对谈话对象以及谈话内容的足够好奇。

◆ 倾听自己。对方说的话让你感觉如何？是否引起了你的情感共鸣？再强调一遍，尽量不要光顾着想该如何回应对方的话，而是应该想想看对方的话有没有让你产生什么情感共鸣：紧张？悲伤？喜悦？惊喜？恐惧？对方说的话有没有让你产生什么特别的想法？

◆ 心怀善意。试着不要评判他人，也不要评判自己。不要去想"她在胡说些什么啊""她做得不对""她不该这样跟我说话"，也不要去想"我应该说点什么，不然她都要骑到我头上了""如果我什么都不说，会不会显得我很弱智""我必须表现出我对她的同情，我必须帮帮她"。如果你忍不住有以上这些想法，等你再次回到和别人的谈话中时，记得提醒自己不要这么想，反复提醒自己。试着在整个谈话过程中，保持你现有的感觉，保持好奇，心怀善意……

◆ 练习善意倾听。找一个你信任的人，可以是你的朋友或者伴侣。你们互换角色，这次轮到你来做讲话者，对方应尽量全身心地投入，带着好奇和兴趣。她把手上的事情都停下来，只是注视着你，在你身边，一切就像你刚才和她一样。

◆ 感受善意倾听。被他人充满兴趣、满怀好奇与善意地倾听，你的感觉如何？你的头脑里有没有冒出什么新的想法？

作为倾听者，你在此次练习中的感受是怎么样的？

在这次练习中，你跟他人的谈话与平时相比有什么不同吗？

_____

_____

_____

_____

_____

当你试着善意倾听时，你有没有产生某种情绪或某种想法？

_____

_____

_____

_____

你是否察觉到你们的谈话质量发生了什么变化？

_____

_____

_____

_____

在这次练习中，你有没有遇到什么困难？你是怎么克服它们的？

_____

_____

_____

_____

_____

作为被倾听者，你在此次练习中的感受是怎么样的？

被他人充满兴趣、满怀好奇与善意地倾听，你有何感受？请用三个形容词形容一下你的感受。

_____

_____

_____

_____

_____

被他人充满兴趣、满怀好奇与善意地倾听，你的情绪有什么变化？

_____

_____

_____

_____

_____

　　头脑里的想法是怎样的呢?

_____

_____

_____

_____

_____

　　你有没有发现，当别人充满兴趣、满怀好奇与善意地倾听你时，你对别人的态度也发生了改变?

_____

_____

_____

_____

_____

刚才你体验了一种全新的生活态度：不要一时冲动举起猎枪朝对方射击。不如试着先退一步，好好观察观察对方，带着好奇与兴趣，看看对方的一举一动，然后再采取你认为应该采取的最佳态度。

驯化狮子，和羚羊交流

12世纪时，在一个位于意大利中部、名叫阿西西的小镇上，生活着圣方济各（San Francesco di Assisi）。传说他成功驯服了最凶猛的野兽，并能与所有的生物沟通。他的秘诀是什么？无人知晓。也许我们可以试着从行为疗法和认知疗法中借用一个公式来探索其中的奥秘，不如就称之为"圣方济各公式"。有了它，我们便可以驯化狮子，和羚羊交流！

通过"善意倾听"的练习，我们学会了如何在与他人谈话过程中，抱着一种认真倾听、充满好奇的态度。而"圣方济各公式"呢，则是在"善意倾听"的同时，在我们需要更好地表达自己的想法和情绪的时候派上用场。你可别觉得这个公式很简单！它或许可以帮助你更好地组织自己的想法和情绪，从而让你更加自如地沟通……当你传递的信息清晰明确，对方也更容易听懂你在说什么，更容易对你说的东西保持好奇！

"圣方济各公式"

在你的"生活大草原"之上，你遇到一头狮子或一只羚羊，你想接近对方，想让对方知道你的感受、请求、需要或愿望，试试下面这个公式：

——当你……（描述让你觉得有问题的某种处境或某个行为）

—— ……我感觉……（讲述你的感受和情绪，以及为何上述这种处境或行为会让你产生这样的感受和情绪）

—— ……所以……（详细描述一下你的反应和你采取的行动）

—— 我理解……（对谈话者表达你的同理心，让对方知道你理解他的观点、意愿、需求等等，试着换位思考）

—— ……但我非常想……（表达你的意愿，告诉对方你想要什么，你希望事情朝着什么方向发展）

—— 可以做些什么……（建议一个折衷的办法，同时考虑双方的情绪和观点；强调你始终希望能够找到一种能让彼此都觉得满意的解决方案）

现在轮到你了！想象某个你与他人发生冲突的场景，或者你想要在不惹恼他人的同时表达自己的观点、意愿或需求，并获得他人善意倾听的场景。

想象一下，你将如何使用"圣方济各公式"来表达自己的请求、责备、意愿和需求，把你的想象都写在下面的空白处：

当我＿＿＿＿＿＿＿＿＿＿＿＿＿＿＿＿＿＿＿＿＿

我感觉＿＿＿＿＿＿＿＿＿＿＿＿＿＿＿＿＿＿＿

所以＿＿＿＿＿＿＿＿＿＿＿＿＿＿＿＿＿＿＿＿

我理解＿＿＿＿＿＿＿＿＿＿＿＿＿＿＿＿＿＿＿

但我非常想＿＿＿＿＿＿＿＿＿＿＿＿＿＿＿＿＿

我们可以做些什么来 ＿＿＿＿＿＿＿＿＿＿＿＿＿？

总结经验：缩略语练习

我们的旅程即将接近尾声，而你的人生旅程将由你继续完成。在这段未来的旅程里，你需要注意什么呢？保持对好奇心的观察，并通过一系列练习来唤醒和训练你的好奇心，每天都要坚持这么做，把它变成你生活中不可或缺的一种新习惯！那么该怎么做呢？如何让自己每天都牢记要对自己、他人和世界保持好奇心呢？

我们的大脑具有联想功能。也就是说，由于这种纯粹的联想功能，当我们看到、听到、闻到或注意到一些东西时，某些画面、记忆和想法就会浮现在我们的脑海中。还记得普鲁斯特[1]的玛德琳蛋糕吗？这位著名作家非常生动地描述了他是如何在品尝小小的玛德琳蛋糕时，猛然回想起儿时的许多回忆……甚至是那些他原以为永远都不会再想起的回忆！也许你也经历过类似的情况？也许你已经发现，仅仅是一份感受、一股气味、一种味道、一个画面，就能将你拉回到过去生命中的某个阶段或某个场景。这一切都只归因于大脑自发建立的联想！

所以，我们可以利用大脑的这个功能来进一步巩固我们的"新习惯"，通过"缩略语练习"来帮助我们在现实生活的各种元素（比如太阳、飞扬的思绪）与本书所讲述的内容之间建立起联系。

"一、二、三……太阳！"

今天天气晴朗，出太阳了吗？你是不是想起了什么？一、二、三……太阳！请记住这个缩略语，并参照第181页我们之前做过的"只是一个'小东西'"的练习，试着唤醒你的感官和好奇心！

S'

Octroyer（给予）

1　马塞尔·普鲁斯特（Marcel Proust，1871—1922），法国小说家，意识流小说的先驱，代表作有长篇小说《追忆似水年华》。普鲁斯特认为，生命的存在与价值全在一己的"感悟"，曾经体验过的感觉就是生命的真实，所以强调对于"过去"的重建。

L'

Exploration（探索）

Intentionnellment（意图）

Lentement（缓慢）[1]

"噢，我的思绪！"

你是否觉得你的思绪会迷路，易被扰乱？如果是这样，记得想起这个缩略语："噢，我的思绪！"参照第 188 页我们之前做过的"向你的情绪伸出援手"的练习，试着接纳到访你生活的"客人"（你的想法、情绪和感受）。

Éprouver（体验）

Sentir（感受）

Penser（思考）

Respectant les（尊重所有的）

Invités（客人）

Trouvés（找到）[2]

说一声"你好，生活！"

遇到朋友或熟人，对方跟你说"你好"，你也回一句"你好"。这时候记得提醒自己想起"你好，生活！"这个缩略语。

1　S-O-L-E-I-L 组合而成的 soleil 在法语中是"太阳"的意思。

2　E-S-P-R-I-T 组合而成的 esprit 在法语中是"思绪"的意思。

参照第 166 页我们之前做过的 "'小小幸福' 的寻觅指南" 的练习，试着锁定某个幸福的时刻，尽情享受吧!

Sereinement（平静）

Apprécier（欣赏）

L'

Unicité（独一无二）

Terrestre（烟火人间）[1]

创造一个属于你的缩略语!

现在轮到你了! 释放你的想象力，创造一个属于你的缩略语，这个缩略语将用来提醒你要培养好奇心，时刻保持好奇心，拥抱生活! 不要让自己的想法受到任何禁锢，你的缩略语越是稀奇古怪、越是荒诞不经，它越能够在你头脑里留下深刻的印象! 尽情创作吧!

_____

_____

_____

_____

_____

---

1 S–A–L–U–T 组合而成的 salut 在法语中是 "你好" 的意思。

后记

你还记得我们在本书第二部分遇到的桑德琳娜、安娜、莱昂内尔、埃米莉和克莱芒吗？当时，我们讲述了他们各自遇到的难题。面对难题，他们的好奇心仿佛也"生锈"了。事实上，在反复进行本书提到的训练之后，他们已经开始发生改变。现在就由他们来直接讲述一下各自故事的续集吧！

桑德琳娜和她的俄罗斯套娃

"当一扇幸福之门关闭时，另一扇就会打开。但我们经常盯着那扇关闭的门，而对新开启的门熟视无睹。"

——海伦·凯勒

我是桑德琳娜，我渐渐爱上了俄罗斯套娃。

当我丢掉工作时，我彻底崩溃了：我曾经是那么确信自己能够掌控自己的生活和未来！突然，我再也找不到自己的定位了。我无比内疚，我对自己说，这一切之所以发生，都是因为我。我头脑里反反复复想的都是，我亲手毁了自己的生活，我真的难以接受这一切！我因此自闭了好几个月，疏远了家人，他们对我来说一直都是最重要的人啊！我对任何事情都提不起兴趣，就更别提有什么好奇心了。我变得十分易怒、神经紧张、反复无常，任何小事都会将我惹怒。

直到有一天我意识到，不能再这样下去了。在与孩子们的第无数次争吵之后，我把自己关在房间里，内心充满愤怒和悲伤；我意识到自己陷入了一个恶性循环，过得越来越不开心，脾气越来越暴躁，我彻底跌入了谷底，于是我打电话给朋友向她倾诉。第二天，我在我的信箱里找到一本名为《好奇心的力量》的小书。这是一本什么样的书？好奇心的第一个火花就这样照亮了我……

现在，我重新将自己定义为一个充满好奇心的人。

之前，我的生活无比空虚，毫无乐趣可言。所以我认为当务之急是要找到一点生活的乐趣。一开始，我还不太确定自己的想法，当我在完成"日常活动清单"的时候，坦白讲我甚至半信半疑，但我还是按照书上所说的去做了。从那时起，我还是会有那么一些日子感觉"空虚无比"，觉得自己太失败了，觉得很累，被生活琐事压垮。现在，我懂得让生活保持平衡了：当我觉得生活的天平过于倾向于某一方，我就会给另一方加点砝码……于是，我开始日复一日地寻觅平凡生活中的小小幸福。

我惊讶地发现，我能够清楚地识别那些经常跑来扰乱我生活的"妖魔鬼怪"！它们原来甚至都有各自的名字！当我喊出它们的名字，它们会重新出现在我面前，然后它们又消失了。举个例子：我开始意识到，就算我丢了一份工作，我也并没有毁掉我的整个人生，这只是名叫"过度概括"的妖魔鬼怪让我误以为事实是这样的！

过去，我把失业当成一场真正的灾难，后来发现其实它只是一次不愉快的经历而已。我从未想过这次经历会让我打开全新的视野！俄罗斯套娃和古代中国的历史给我留下了深刻的印象，所以我现在报名参加了现代艺术博物馆讲解员的培训，我终于找到自己热爱的事情了。这将会是一个好的机遇吗？我不知道，我只知道我正在品味我的新生活……而且我十分好奇，迫不及待想要探索更多！

安娜和她的高速公路

"我觉得当小孩出生时，如果他的母亲要求教母送小孩一个最有用的礼物，那礼物应该是好奇心。"

——埃莉诺·罗斯福

我是安娜，我走遍了各大高速公路。当然，我并不是长途货车司机，我所说的高速公路是"心理高速公路"。

大概过了一年吧，我变成了一个充满好奇心的人。我之前并不是这样的，以前的我被恐惧束缚，就像是有成堆的块状物体把我压得喘不过气来。我无法继续平静地生活，无法找回过去那种无忧无虑和开放的心态。

我极其缺乏自信心，总是需要参照一些标准来确保自己是安全的。后来我去了伦敦，身处这个偌大的都市，我感觉自己像一只渺小的蚂蚁，不知所措。我的恐惧成倍增加，由于不得不用外语与他人交流，我比从前更加在意他人的看法。能生活在伦敦，本来是件多么幸运的事情啊，可以体验新的生活，探索一种新的文化，多少人都羡慕着我啊……但我始终无法像我的男友皮埃尔一样面对新生活。

然而，我内心是羡慕他那份热情和好奇心的……这也是我爱慕他的原因吧。圣诞节假期的时候，我们回法国待了几天。我在挑选圣诞礼物时，偶然发现了《好奇心的力量》这本书。书的标题勾起了我的兴趣，我问自己："为什么不买下这本书，当作给自己的圣诞礼物呢？"我把书捧在手中，注视着这份送给自己的特别礼物……

之前我也想过要改变自己，想过要成为一个好奇的人，想过要尽情享受生活。读了这本书之后，我才发现，原来我们的好奇心是与生俱来的。知道这一点实在是太鼓舞人心了！而且我进一步了解到，我所有不愉快的经历都是因为缺乏好奇心而导致的……并不是因为我自己有毛病！我开始感觉自己在慢慢释然……当我读到"大脑的可塑性"这部分时，我被这本书彻底征服了，我正应该培养大脑的这种可塑性啊！

这本书对我帮助最大的地方是好奇心训练后面要求填写的"处境""想法"和"情绪/感觉/行为"的表格。在这之前，这一切在我脑中就是一团乱麻，像是一个难以解开的结。多亏这个表格，我能够将每个要素填入每个框，给它命名，重新审视它，清清楚楚地标明。多亏这个表格，我终于意识到，那些总是缠绕着我的想法滋生了我的情绪，导致了我的行为。我开始更加清晰地认识到高速公路的全貌，开始放慢步伐，对走过的路进行思考。有时，我也会在路上遇到一些"妖魔鬼怪"，比如教我们解读别人心思的"妖魔鬼怪"，它给我们指了一条路，想让我继续走下去。但我知道，如果我朝着这个方向走下去，我很快就会认为别人对我的评价都是消极的，即使我手头并没有证据，所以我学会了无视这些"妖魔鬼怪"的存在，避开它们的诱惑。没过多久，又一个"妖魔鬼怪"出现了，它企图让我走"消极预期"这条路，但我早就知道这只是它的阴谋，它无非是想让我想象灾难性的场景，或者逃避现实。我才不会上它的当，而是跟它反着来：我开始抱着积极的心态想象未来，从短期计划到长期计划，我试着慢慢适应一些让我恐惧不安的场景！

如今，我依然会有焦虑不安的时刻，但这只是正常的情绪升温，还没有达到情绪沸腾的状态。我内心的导航始终保持开启状态，我很信任它。每天，无论是在路上还是在家里，我都会抽出一段时间来进行"一、二、三……深呼吸！"的练习。通过这个练习，我才能连接上我内心的导航。它把我引向何处呢？目前在它的指引下，我正在探索伦敦市区的大街小巷和当地居民的生活……每一次探索过程中，我都能满怀好奇和感激地说："你好，人生！"

莱昂内尔和人生的公共汽车

"最伟大的旅行家，不是曾经环游世界十次的人，而是曾经环视过自己一次的人。"

——甘地

我是莱昂内尔。从"人生就像一辆公共汽车"这个比喻中，我学到了很多。

几个月前，我发现了《好奇心的力量》这本书。如今，对我而言，好奇心不再只是这本书的书名，它已在我的身体中留下了深深的烙印。

对我来说，退休是一次彻头彻尾的打击，我将半生心血都倾注在工作上，希望能够实现自我价值……我付出了很多，或许太多了，所以我的身体就开始向我"讨债"，而从这时起，我对其他任何事物都提不起兴趣。身体上的痛苦进一步导致了心理上的折磨，我觉得自己就是个老废物，像是一辆破车，就差当废铁卖了。我无法忍受这一切！于是我全力以赴地与这些痛苦抗争。但是我越抗争，它们就越缠着我，于是我彻底走不出来了！

"粉红色的大象"这个练习让我大开眼界。当我开始这个练习时，我以为我肯定能够成功，肯定不去想我所经历的痛苦，至少，我肯定能不去想那头"粉红色的大象"！可三秒钟过后，我的头脑里浮现的正是一头美丽的粉红色的大象……我试图抹去这头大象在我头脑里的印记，可越是如此，它越是反复出现，甚至变成了一头穿着亮闪闪的裙子的大象！之所以会这样，是因为我并没有完全接纳这些痛苦，我试图赶走这些痛苦的策略是行不通的。在很长一段时间里，我都觉得心力交瘁，也在上面花费了很多时间，可我的状况丝毫未得到改善。

既然无法赶走这些痛苦，那该怎么办呢？打开通向痛苦的大门？直面痛苦？我承认，起初我真的很害怕，后来我对自己说："你还怕失去什么呢？试试吧！"我确实很想试试这个看起来无比荒唐的新方法……

好奇心给我带来了最好的回报。起初，一切都并不容易，我担心痛苦会加剧，就像我从瑜伽试听课上回来时的感受一样。在阅读"痛苦是双层的"这部分内容之后，我开始能够说服自己去尝试这个方法：我第一次意识到，真正的问题或许并不在痛苦本身，尽管它们的确在折磨着我；真正出问题的是第二层痛苦，也就是我和自己内心的对话。道理我懂了，但要我完成这些练习，还是相当困难的！

我试了好几次，直到某一天，我恍然顿悟：我能感受到自己的存在，背部的疼痛也是真实存在的，但我没有试图驱赶这些疼痛，而是观察它们，接纳它们的存在……直到它们最终都消失了！我将这次练习的感受深深铭记于心，我还找到了不同的办法来面对自己的痛苦：其中我最喜欢的是"尖叫的孩子"。我把所有的痛苦都想象成一个在摇篮中猛然醒来、大声哭喊的婴儿。我走近他，把他抱在怀里，轻轻安抚，直到他停止吵闹，重新入睡……

如今，我不再被过去的那些痛苦干扰，而是更加积极乐观地面对生活，我报名参加了冥想训练营。对于我自己，我还有很多需要探索的地方……我充满好奇！

埃米莉、克莱芒夫妇和他们的"大草原"的故事

"赠人玫瑰，手有余香。"

——印度古谚

我是埃米莉，我和我的丈夫来到了一片无人涉足的"大草原"，对彼此的好奇拉近了我们之间的距离。

我和克莱芒是老夫老妻了，三年前，我们的婚姻陷入危机：克莱芒生了一场大病，他的性情也因此大变。我原本以为，都是可怕的病魔才把他变成这副模样，一切都只是暂时的。克莱芒康复以后，日子一天天过去，我越发怀疑自己是否真的嫁对了人，我们每次交谈都是以歇斯底里的争吵告终，俩人在一起永远都无法统一意见。很多次我都在想，我们的感情是不是走到了尽头，如果试着开始一段新的感情，我会不会过得更开

心……还好，我最终也没有放弃克莱芒，我们共同渡过了最艰难的时期，拯救了我们的婚姻。当时我决定在彻底放弃之前，最后一次尝试挽救我们的婚姻：我说动了克莱芒和我一起接受"夫妻治疗"。经过几次交谈，治疗师给我们推荐了《好奇心的力量》这本书作为治疗辅助。当时我也觉得疑惑：好奇心和夫妻治疗能有什么关系呢？

如今我总算明白了：我和克莱芒的关系之所以变得岌岌可危，是因为我们失去了对彼此的好奇心。我们被偏见和消极预期蒙蔽了双眼，将自己层层禁锢，与此同时，我们的好奇心、探索能力、开放的心态和换位思考的能力也都被封闭和禁锢了。我们把自己变成一座孤岛，也正因此，我们才觉得自己总是被误解，感到无比孤独。

我们没法像从前那样一拍即合，总是针锋相对，你不让我，我不让你，但在今天看来，或许保持各自的意见也是一种财富，这样我们才能看到事物的多样性。清晰自如地表达自我，从来都不是我的强项，认识到这一点后，我才发现原来我的一言一行有时候在我身边的人看来是非常荒唐和疯狂的。这时，"圣方济各公式"帮助我更好地整理自己的想法和情绪，再清楚地传达给克莱芒。我们现在来听听克莱芒有什么要说的，我很好奇他的感受是怎么样的。

我是克莱芒，我总感觉我的妻子对我来说就是个猜不透的谜。我有时很难理解她，但现在看来，谜一样的她散发着无穷的魅力。我重新获得了满满的好奇心。

坦白说，起初我对"夫妻治疗"并不太感兴趣，我不喜欢别人插手我的私事，哪怕对方是个心理治疗师。确实，我和埃米莉的关系已经岌岌可危了，除了向外界求助，我也的确不知道该用别的什么办法来帮助我们走出这个死胡同，或者美其名曰，走出我们现在所处的这个困境。当治疗师给我们推荐一本名为《好奇心的力量》的书时，我内心的疑惑更是达到了顶峰：用好奇心来解决我们的问题？我一点儿都不相信。但我还是告诉自己，既然我都尝试治疗了，为何不再相信治疗师一回，试试他说的方法呢？

在读这本书的时候，我发现原来我的意识里藏了好几个"妻子"，她们非常黏人，一刻也不得安宁："埃米莉必须改变自己的想法，承认我才是对的！""她不应该这么做，我不赞成！"我内心深处总是把她当成一个"坏女人"，然而这些"假设"和"非理性信念"并没有使生活变得更开心，而是给我的生活塞满了愤怒和苦涩。在书中的训练指导之下，我开始接受，埃米莉可以和我持有不同的观点，而且我不能因为我们观点不同就把她当作坏女人。我开始对她的观点产生兴趣：我不再像从前一样没等她把话说完就开始攻击她的观点，而是先让她表达自己的观点。这一切都要归功于"对他人的好奇心：善意倾听"这个练习，我和埃米莉反复进行了几次：被他人带着善意、怀着认真的态度倾听，这种亲身体验就像埃米莉馈赠给我的一份厚礼，我的内心久久不能平静。这是一种久违的感觉，我忽然想起了我们刚开始谈恋爱的那段日子，那时候我们对彼此都充满了好奇与兴趣……而在认真倾听埃米莉讲话的过程中，我有时候也能够从不同的角度看待事物……我的认知发生了潜移默化的改变，变得更加多元化，我现在既能看到照片中的"印第安人"，也能看到"因纽特人"！除此之外，我还会时不时地做一做"一、二、三……深呼吸！"这个练习，多给自己一点与自己相处的时间，而不是急着采取行动。

五个月之前，我们完成了"夫妻治疗"。十个多月以来，我们已经能够自在地生活在我们的"生活大草原"之上了……我们探索前所未见的风景，邂逅令人发颤的"动物"……通过探索，我们可以给这片神秘莫测的土地赋予新的含义："那里有狮子！""埃米莉是位神秘的探险家""克莱芒是个奇怪的谜"。

你的故事

我们的旅程到此就要结束了……而你的人生旅程将由你继续书写！

在下面写下属于你的故事，将你觉得重要的因素记录下来，尤其是与好奇心有关的点，以及是什么原因促使你买下了这本书。

_____

_____

_____

_____

_____

_____

_____

_____

_____

_____

_____

_____

_____

_____

_____

你从这本书中学到了什么？

_____

_____

_____

_____

_____

_____

_____

_____

哪个练习让你印象最为深刻？哪个练习是你愿意一直继续坚持下去的？

_____

_____

_____

_____

_____

_____

_____

现在给你的故事写一个后记：你可以用第一人称叙述，就像桑德琳娜、安娜、莱昂内尔、克莱芒和埃米莉那样，你可以讲述你的生活所经历的变化，以及在好奇心的引领下，你对新生活的期许。

在这场属于你的精彩冒险之中，你能否怀着好奇心去拥抱未知，收获惊喜呢？……别忘了，这本旅行手册始终是你最忠实的伙伴！

"旅途中最美妙的事，就是迷路。当我们迷失方向时，原定的旅行计划黯然失色，未知的惊喜令人恍然意识到，原来从这一刻起，旅行才真正开始。"

——尼古拉·布维耶（Nicolas Bouvier）

谁在谈论『好奇心』

数不胜数的电影、书籍和音乐作品都在以直接或间接的方式谈论着好奇心，这是为什么呢？因为不管从思想层面上（比如提出问题、思考问题和调查问题），还是行为层面上（比如行动能力与动手探索的能力）来讲，好奇心都是最强大的动力之一。当然，爱也是一个重要的主题，它在众多文学篇章和音乐作品中都占据着重要地位。可是，爱也同样包含了好奇心：当我们感觉自己被他人吸引时，难道不是因为对那个人产生了好奇心吗？难道不是因为我们总是会忍不住要去多了解对方，加深对这个人的认识吗？

下面是我挑选出来的一部分（可能并不全面！）谈论"好奇心"的书籍、电影、歌曲和美术作品。究竟哪些能引起你的好奇心，让你产生兴趣呢？一起来看看吧！

书 籍

·儿童读物：

《爱丽丝梦游仙境》：是什么使爱丽丝对一只身带怀表的白

兔子穷追不舍呢？毫无疑问，是好奇心！正是在好奇心的驱使下，爱丽丝才开启了她的非凡冒险之旅……

《阿拉丁神灯》：这个故事曾被收录到更新版的波斯神话集《一千零一夜》中。同样地，这个故事里的女主角茉莉公主满怀热情，想要探索世界，于是毅然决然地离开宫殿，随后遇见了她的真爱——阿拉丁！

《小美人鱼》：在好奇心的驱使下，女主角爱丽儿向往能够拥有双脚，于是决定勇敢地离开海底，开启了广袤大地的探索之旅，在此过程中，她邂逅了一生挚爱。

《小王子》：在好奇心的驱使下，小王子询问了他在旅途中遇到的所有人物，他试图去更好地了解他们，了解这个世界。

《丁丁历险记》：提起好奇心，怎能忘了我们著名的大英雄丁丁呢？对探索世界和解决难题的好奇心和热情支撑着他闯南走北，到世界各地冒险。

· **经典名作：**

《牧羊少年奇幻之旅》：牧羊少年对各式各样的字符充满了好奇，在这种好奇心的推动下，他放弃了羊群，开启了寻宝之旅，几经冒险，收获了一段非凡的旅程。

《物种起源》：查尔斯·达尔文（Charles Darwin）举世闻名的著作。达尔文对动植物的好奇鼓舞着他踏上小船，扬起风帆，开启了环游世界之旅。正是得益他的好奇心和敏锐的观察，物种进化理论才得以发展。

《亚特兰蒂斯抄本》：列奥纳多·达·芬奇（Léonard da Vinci）的这本经典著作现藏于米兰的安波罗修美术馆。这是一本包含着列奥纳多对自然、人类、生物的研究记录、随笔和画作，以及机械设计、建筑设计和水利工程设计的手稿合集，这无疑是证明列奥纳多对科学的好奇心的最佳范例！

《马可波罗游记》：在探索世界的好奇心的驱使下，马可描绘了他所发现的新世界，在旅途中遇见的形形色色的人，以及那些不曾接触过的文化：这也是一个对开拓新世界充满好奇心的典型案例！

《柏拉图对话录》：苏格拉底在雅典游学途中向路人提出许多问题，试图唤醒他们的好奇心，激励他们找寻生活的"真相"。这也是一个智者拥有好奇心的例子。

《一千零一夜》：故事中的女主人公山鲁佐德成功唤醒了国王山鲁亚尔听故事的好奇心，由此充分展现了女主人公过人的聪明才智。

·当代作品：

《所罗门王的指环》：康拉德·洛伦兹（Konrad Lorenz）的动物行为学著作。这位生物学家兼动物学家对动物的行为研究抱有极大的兴趣，他的系列著作能够帮助我们更好地理解人类行为。

《海鸥乔纳森》：理查德·巴赫（Richard Bach）的寓言性小说。乔纳森是一只异于同类的海鸥，它渴望飞到更高更远的地方，渴望挑战自己飞翔的极限。对自我的追求、对生命极限的好奇滋养着它，让它成了芸芸众生中最独特的存在。

《叔本华的眼泪》：欧文·亚隆（Irvin D. Yalom）的心理小说。心理治疗师朱利斯罹患癌症，只剩一年可活，他的生命和职业生涯都走到了尽头！他开始审视自己，回顾过往他给人治疗的成功和失败经历。好奇心驱使他再次联想到昔日治疗失败的老病人——菲利普。菲利普患有严重的性上瘾症，为人古板，仇视社会，喜欢操纵别人……后来他怎么样了呢？更多的惊喜在等着朱利斯……

《秘密花园》：这是部由美国女作家弗朗西丝·霍奇森·伯内特（Frances Hodgson Burnett）创作的老少皆宜的小说。小说女主角叫作玛丽·伦罗克斯，父母逝世之后，她离开家来到英国投奔叔叔。在一只红色知更鸟的帮助下，她发现了一所被遗弃的花园……

《达·芬奇密码》：美国作家丹·布朗（Dan Brown）的长篇小说。这幅闻名世界的画作背后到底隐藏着什么？这本书之所以获得如此巨大的成功，恰恰是因为众多读者也在心中不断提出这样的疑问。由这本书改编而成的电影也于 2006 年由导演朗·霍华德（Ron Howard）搬上银幕。

《死亡丧钟》：法国作家贝尔纳·韦尔贝尔创作的科幻小说。在好奇心的驱使下，一群人开启了未知世界的探索之旅。经过不懈的尝试和努力，他们最终来到一个无人知晓的世界，开始了一场始料未及的旅程和奇妙冒险。

《千禧年三部曲》：瑞典作家斯蒂格·拉尔森（Stig Larsson）创作的三部曲小说。小说讲述了一个男子希望了解十几年前发生在他心爱的外甥女身上的一些事情，于是他找到一位记者，希望进一步挖掘事情的真相。记者最终被男子说服同意帮忙，而记者之所以同意，也是因为男子巧妙地利用了记者对该事件产生的好奇心。

《堕落街》（《一名少女的自白》）：克里斯蒂娜是一个来自家住西柏林郊区，出身低微的年轻女孩。她有一个酗酒且常施虐的父亲，多年来悲惨的经历以及对于一些禁忌的好奇使得她走上了吸毒的道路。

《悉达多》：赫尔曼·黑塞（Hermann Hesse）的经典长篇小说。这部小说取材于乔达摩·悉达多（释迦牟尼）的生活，也就是佛教创始人佛陀。释迦牟尼的好奇心指引他走出自己的王侯宫殿，而他的个人成长经历也起始于此。

·当好奇心被视为一种"恶习"：

《亚当与夏娃》：这是一个收录在《创世记》里的故事。《创世记》讲述的是上帝创造世界的过程。在好奇心的诱惑下，夏娃吃掉了苹果，被认为犯下了原罪。上帝并没有清楚地认识到人类的本性：如果有人跟我们说，你有权做任何事，除了吃那个苹果。那么，我们反而会对吃苹果这件事格外感兴趣！

《丘比特与普赛克》：阿普列乌斯的小说《金驴记》中的一个故事。普赛克是一位绝世美女的女儿，人们乐意把她尊崇为女神，但她始终没有找到自己的另一半。几经波折之后，普赛克被带到西风之神仄费洛斯面前，来到一座宏伟的宫殿里，每天都有隐形的仆人照顾她。每天晚上，都有一位神秘的情人前来与她相会，而在拂晓以前又准时离开她；神秘情人让普赛克永远都不要试图揭晓他的身份；最后，普赛克还是在嫉妒她拥有幸福生活的两个姐姐的煽动下，向她的好奇心屈服了……

《潘多拉的魔盒》：在希腊神话中，火神普罗米修斯偷盗火种送给人类，为了报复他，天神宙斯创造了一个女人，名叫潘多拉，并给予这个女人数不尽的魅力。普罗米修斯的弟弟厄庇墨透斯爱上了她，并和她结了婚。婚礼当天，潘多拉收到了一个圣器，被告知切勿打开它。但是她没有抑制住自己的好奇心，最终打开了这个魔盒……

《奥德赛》：在返回梅奥尼亚城的途中，希腊英雄奥德修斯唤起了国王阿尔基诺斯对他冒险经历的好奇心，向国王讲述了他智斗女巫瑟西、独眼巨人和塞壬女妖的经历。

《俄狄浦斯王》（作者：索福克勒斯）：这部希腊悲剧的主人公名叫俄狄浦斯，他破解了狮身人面女妖斯芬克司之谜，解救了忒拜城，最终成为该国的国王。为了解开不断由阿波罗降临在他的国土上的灾祸与瘟疫，他展开一系列追查，却发现了一个最为残酷的事实……

电　影

《2001：太空漫游》（美国1968年斯坦利·库布里克执导电影）：一艘在宇宙空间中探索新世界的飞船里，故事主人公渴望重新拥有新生活，在这种好奇心的驱使下，他开启了一段如梦一般的奇妙之旅。

《与狼共舞》（美国1990年凯文·科斯特纳执导电影）：故事主人公逐渐结识了美洲印第安人，在好奇心的推动下，他慢慢地了解了他们的语言、生活习惯、习俗及文化。他们的相遇，正是因为对彼此的好奇心。

《大开眼戒》（1999年斯坦利·库布里克执导电影）：主人公被一个秘密小团体吸引，他更好奇的是这个小团体组建的一个秘密组织……

《死亡诗社》（1989年彼得·威尔执导电影）。在美国最难进也最严格的学校之一威尔顿预科学院，有一位教授名叫基汀，但他并不是一位只躲在学术象牙塔的老师，而是尝试向他的学生传递一些价值观，比如拒绝墨守成规、发展个性、爱好自由、保持好奇以及包容他人等等。这些学生也重新成立了基汀在学生时代曾参与的秘密小组——死亡诗社，这是一群自由追梦的灵魂啊……

《欢乐满人间》（1964年罗伯特·斯蒂文森执导电影）：相信你会被这位著名的女英雄吸引，她的惊人创造力让平凡的现实变得无比神奇……

《好好先生》（2008 年佩顿·里德执导电影）：这部美国喜剧的主人公的口头禅是说"不"。一天，为了学会说"没问题"，他加入了一个专门为那些总是说"不"的人举行的节目。之后，他学以致用，开启了一系列全新的冒险旅程，也因此邂逅了爱情……

《出生地》（2013 年穆罕默德·哈米迪执导电影）：法里德是一个阿尔及利亚裔的法国年轻人，可他对自己的故乡一无所知。带着重新找回父亲亲自建造的小屋的使命，他有机会重新回到故乡，跟随自己的好奇心，追寻自己的根脉……

《禁闭岛》（2010 年马丁·斯科塞斯执导电影）：为了对一家关押着危险罪犯的精神病院展开调查，警官泰迪·丹尼尔被派遣到禁闭岛，他决心解开这个地方隐藏已久的谜团……

《罗马假日》（1953 年威廉·惠勒执导电影）：奥黛丽·赫本饰演的女主角是一位去罗马度假的公主，她对游览整座城市、探索崭新生活有着极大的热情。与此同时，陪伴她左右的记者（格利高里·派克饰）也对这位公主的身世充满了好奇。

音 乐

《巡礼之年》是匈牙利作曲家弗朗茨·李斯特（Franz Liszt，1811—1886）的集大成之作。李斯特在年轻时曾去往意大利旅行，在强烈的好奇心指引下，他想要更深入了解这个国家的文化和艺术瑰宝，游览四处的风景。这首曲子的灵感来源于他的回忆，听众在聆听过程中能够体会到李斯特在当时所处环境下的所闻所感。

《天鹅湖》是俄罗斯作曲家彼得·伊里奇·柴可夫斯基（Piotr Tchaïkovski，1840—1893）的经典作品。一位王子在湖边遇到了一位年轻姑娘，并对她一见倾心；想要深入了解她的欲望驱使他四处打听姑娘的来历与住处。夜幕降临时，他发现这位女孩和她周围的人一起变成了天鹅，原来这都是因为一位狠心的巫师的诅咒……

《舍赫拉查德（取材于天方夜谭）》是俄罗斯作曲家尼古拉·安德烈耶维奇·里姆斯基－科萨科夫（Nikolaï Rimski-Korsakov，1844—1908）的交响乐诗。该作品的灵感来源于童话故事集《一千零一夜》，而好奇心是这本童话故事集最核心的要素……

《自新大陆交响曲（又名 e 小调第九交响曲）》是捷克作曲家安东尼·德沃夏克（Antonin Dvorak，1841—1904）的经典作品。德沃夏克在 19 世纪初在美国生活过一段时间，接触到了美国的流行音乐，这激发了他的兴趣和好奇心。后来他灵感涌现，写下了这首完美融合俄罗斯传统音乐和美国流行音乐的交响曲。

《展览会之画》是由俄罗斯作曲家莫杰斯特·彼得罗维奇·穆索尔斯基（Modeste Moussorgski，1839—1881）创作的组曲。出于好奇，他一个人独自去参观一个美术画展，并对其中的几幅画产生了莫大的兴趣。每一段音乐的律动都给每一幅画作赋予了新的含义，也给参观者留下了难以磨灭的印象。

《图兰朵》是意大利作曲家贾科莫·普契尼（Giacomo Puccini, 1858—1924）的歌剧作品。这部歌剧讲述了卡拉夫王子如何跋山涉水，向元朝公主图兰朵寻求帮助，从而解开一个又一个谜团。而元朝公主图兰朵之所以愿意帮助这个外来人，也是出于对对方强烈的好奇心。

美 术

《科德角早晨》（现收藏于华盛顿的史密森尼美国艺术博物馆）和《晨光》（现收藏于哥伦布市立美术馆）是美国绘画大师爱德华·霍普（Edward Hopper）的两幅代表画作。两幅画中的女子从屋内看向屋外，她对外部世界充满了好奇心，她想知道在这个我们大家都熟悉的世界之外，到底还有什么……

《蒙娜丽莎的微笑》是由意大利科学家、画家、哲学家兼作家列奥纳多·达·芬奇（Léonard da Vinci, 1452—1519）创作的经典瑰宝，现收藏于法国巴黎卢浮宫。为什么这幅画能够举世闻名呢？因为蒙娜丽莎的微笑引起了人们强烈的好奇心……

《伟大的世纪》是比利时画家勒内·马格里特（René Magritte, 1898—1967）的作品，现收藏于德国盖尔森基兴市政博物馆。在马格里特的所有画作中，我们都能找寻到那些对隐藏在现实背后的事物的好奇心。其中一个典型的例子便是画中一个背对着观众的男子，他注视着几何图案的朦胧风景。这幅画以独特的视角展示了试图超越表象、寻找真相的好奇心。

《那喀索斯》是意大利画家卡拉瓦乔（Caravage，1571—1610）的油画作品。那喀索斯被水中自己的倒影吸引，这是"对自我的好奇"。

《苏珊娜与长老》是意大利画家丁托列托（Tintoretto，1518—1594）的作品，现收藏于法国巴黎卢浮宫。苏珊正在沐浴，与此同时，几个年老的好色之徒正藏在树后面偷看她。好色之徒的这种偷窥他人的好奇心是可耻的，是一种病态的好奇心。

《镜前的维纳斯》是西班牙画家迭戈·委拉斯开兹（Diego Velázquez）的油画作品，现收藏于伦敦国家美术馆。画作描绘的女神顾镜自怜，这种好奇心和那喀索斯的如出一辙，是一种对自我的欣赏、对美貌的自信，是一种自爱和对自我的好奇。

"我们来自何方？又将去向何处？"这个问题就像是复活节岛上的摩艾石像在探索世界过程中向自己提出的问题一样，谁又能满足他们的好奇心，揭开环绕在这些石像四周的重重谜团呢？

复活节岛上的摩艾石像

致
谢

感谢让娜，谢谢你，你对新鲜事物的好奇心与开放心态是我创作的不竭动力和源泉。你的活力就像是跃动的美妙音符，让我心生共鸣。

感谢奥迪尔·雅各布出版社对我的创作给予的支持，没有你们的支持，也就没有现在的这份成果。

感谢马尔科，你就是我的"安全基地"。多亏了你，我才能淡定从容、活力满满地从事我的写作事业，谢谢你在我的整个创作过程中一直支持我、容忍我!

感谢我的朋友们：B. 埃米莉、G. 埃米莉、卡罗琳、克莱芒丝、大卫、让娜、吕克，以及我的同事们——阿纳·洛尔和苏菲。如果说这本书获得了读者的喜爱，那么其中的很大功劳是你们的。感谢你们的宝贵意见和建议，感谢你们对本书的好奇心和兴趣，愿我们的友谊长存，我对你们的感激之情也长存。

感谢我的父母，没有你们，我就无法在有限的生命里尽情体验和开发我的好奇心；没有你们，我也就无法完成这本书的创作。